KLASSENARBEITEN MATHEMATIK

Alfred Müller

Mathematik 5. Klasse

STARK

Bildnachweis
Seite 1: © Innes Ferguson/Dreamstime.com
Seite 23: © Martin Maun/Dreamstime.com, Outdoorsman/Dreamstime.com, Sternenhimmel/PIXELIO
Seite 45: © Branislav Senic/Dreamstime.com
Seite 71: © Stark Verlag
Seite 97: © Stark Verlag

ISBN 978-3-86668-064-7

Inhalt

Klassenarbeiten zum Themenbereich 3: Multiplikation und Division natürlicher und ganzer Zahlen 45

Klassenarbeiten zum Themenbereich 4: Größen und ihre Einheiten; Sachaufgaben 71

Autor: Alfred Müller

Vorwort an die Schüler

Liebe Schülerin, lieber Schüler,

am Gymnasium erwartet dich viel Neues, auch im Fach Mathematik. Du trainierst dein Wissen aus der Grundschule und lernst außerdem neue Ausdrücke kennen. In einem Schuljahr musst du nun mehr und schneller lernen.
Dieses Buch bereitet dich auf die Klassenarbeiten, die du in der 5. Klasse schreiben musst, vor. Dabei findest du in diesem Buch **Aufgaben in drei verschiedenen Schwierigkeitsgraden**. Je mehr Nüsse bei einer Teilaufgabe in den Lösungen abgebildet sind, desto schwieriger ist sie.

einfach
mittel
schwer

Die **Zeitangaben** neben den Nüssen verraten dir, wie lange du in etwa zum Lösen einer Teilaufgabe brauchen darfst. Bedenke aber, dass die Zeiten für einen gut geübten Schüler (vor einer Klassenarbeit) gelten.
Falls du einmal nicht weiter weißt, helfen dir **Hinweise und Tipps**, die richtigen Lösungen zu finden. Sobald du eine Klassenarbeit gelöst hast, kannst du deine Rechenschritte mit den **Lösungen im Buch** vergleichen.

Ich wünsche dir viel Erfolg!

Alfred Müller

Vorwort an die Eltern

Liebe Eltern,

der Stoff der 5. Klasse knüpft an den bisherigen Unterricht der 4. Jahrgangsstufe an, bereits erworbene Kenntnisse werden gefestigt und erweitert, besonders durch Einführung neuer Fachbegriffe und Ausdrucksweisen. Neu sind die negativen Zahlen als Inhalt und eine schnellere Vorgehensweise bei der Stoffdurchnahme.

Themenbereich 1	Aufbau und Erweiterung des Zahlensystems; Addition und Subtraktion natürlicher Zahlen
Themenbereich 2	Einführung der ganzen Zahlen; Addition und Subtraktion
Themenbereich 3	Multiplikation und Division natürlicher und ganzer Zahlen
Themenbereich 4	Größen und ihre Einheiten; Sachaufgaben
Themenbereich 5	Geometrische Grundbegriffe; Flächenmessung und Flächenberechnung

Gleichmäßig übers Schuljahr verteilt werden aus diesen Stoffgebieten mehrere Klassenarbeiten gefordert. Dieses Buch wird Ihr Kind bei der Vorbereitung auf diese Arbeiten unterstützen. Individuelle Schwachstellen und Kenntnislücken werden dabei deutlich, die durch gezieltes Lernen effektiv beseitigt werden.

- Das Buch bietet für jeden der fünf Themenbereiche sorgfältig konzipierte und erprobte **Klassenarbeiten** mit **ausführlichen Lösungen**.
- Falls Ihr Kind einmal nicht weiterkommt, helfen **Hinweise und Tipps**, einen Lösungsweg zu finden. Bei jeder Klassenarbeit finden Sie zudem **konkrete Hinweise**, wie sich eventuelle Lücken mithilfe der Reihe „Training Mathematik" des Stark Verlags beheben lassen.
- Die **Gesamtbearbeitungszeit** beträgt für jede Klassenarbeit 45 Minuten und es sind jeweils **40 Bewertungseinheiten** (BE) zu erreichen. Mit dem folgenden Notenschlüssel können Sie und Ihr Kind seine Leistung bewerten.

Notenschlüssel					
Note 1	Note 2	Note 3	Note 4	Note 5	Note 6
40–35	34–29	28–23	22–17	16–9	8–0

Ich wünsche Ihrem Kind viel Erfolg bei der Arbeit mit diesem Buch!

Alfred Müller

Klassenarbeiten zum Themenbereich 1: Aufbau und Erweiterung des Zahlensystems; Addition und Subtraktion natürlicher Zahlen

Klassenarbeit 1

1. a) Schreibe die Zahl in Ziffern:
5 HMd 2 ZT 3 H — 2 BE

b) Zerlege in Stufen:
8 057 020 010 — 2 BE

c) Gib Vorgänger V und Nachfolger N der Zahl 199 009 000 an. — 2 BE

2. Die Tabelle zeigt die Anzahl der Fluggäste innerhalb eines Jahres der drei größten Flughäfen in Deutschland.

Flughafen	Fluggäste	Gerundete Anzahl in Millionen
Frankfurt am Main	54 241 000	
München	33 903 000	
Düsseldorf	17 773 000	

a) Runde die Angaben auf Millionen und trage die gerundeten Zahlen in die Tabelle ein. — 3 BE

b) Fertige mit den gerundeten Zahlen ein Säulendiagramm an.
Wähle 1 cm für 10 Millionen Fluggäste. — 3 BE

c) Eine Zählung der Anzahl der Flüge auf dem Flughafen München wird in einem Jahr auf Tausender gerundet mit 432 000 angegeben. Zwischen welchen Zahlen kann die tatsächliche Anzahl der Flüge liegen? — 2 BE

3. a) Wie viele Punkte enthält die Figur, die man als nächste zeichnen müsste?

(1)

… — 2 BE

(2)

… — 3 BE

b) Gib die nächsten drei Glieder der Zahlenfolgen an:
   (1) 1, 4, 7, 10, … 1 BE
   (2) 1, 3, 6, 10, … 2 BE

c) Wie lautet das achte Glied der Folge 1, 2, 4, 8, …? 2 BE

4. a) Wie viele dreistellige Zahlen gibt es, die an der Zehnerstelle eine 5 oder 6 besitzen? 2 BE

b) In einer dreistelligen Zahl kommt nur eine Ziffer doppelt vor.
   (1) Wie viele solcher Zahlen gibt es? 4 BE
   (2) Bestimme diejenigen Zahlen, die die größte Quersumme besitzen. 2 BE

c) Eine dreistellige Zahl hat die Quersumme 11 und ist größer als 700. Gib alle solche Zahlen an. 4 BE

5. Die Differenz der beiden Ziffern einer zweistelligen Zahl ist 4. Vertauscht man die Ziffern und bildet die Differenz der beiden Zahlen, dann ergibt sich immer der gleiche Differenzwert.
Welche Zahlen findest du und wie groß ist der Differenzwert, wenn man die kleinere Zahl von der größeren subtrahiert? 4 BE

Hinweise und Tipps

1. a) Beachte die Bedeutung der Stufen in der Dezimaldarstellung.

b) Gib die Stufen einzeln an.

c) Addition und Subtraktion von 1 beachten.

2. a) Wende die Rundungsregeln an.

b) Überlege dir die Höhe des Säulendiagramms und zeichne.

c) Rundungsregel auf Tausender rückgängig machen.

3. a) Lies nächstes Glied jeweils aus einer Skizze ab.

b) Jeweils das Bildungsgesetz beachten.

c) Führe die Folge fort und zähle das achte Glied ab.

4. a) Erst Anzahl der Zahlen mit 5 oder 6 an der Zehnerstelle innerhalb eines Hunderters bestimmen und dann mit der Anzahl der Hunderter malnehmen.

b) Verwende das Abzählprinzip und beachte die Anzahl der Möglichkeiten der Schreibweise bei zwei gleichen Ziffern.

c) Schreibe die Quersumme 11 als dreigliedrige Summe und bilde alle Zahlen.

5. Die Zahlen aufschreiben. Dann den Differenzwert bestimmen.

Vertiefende Hinweise zum Lösen der Aufgaben findest du in
Training Mathematik, 5. Klasse (Buch-Nr.: 90005)
- Kapitel 1.1: Dezimalsystem (Zehnersystem)
- Kapitel 2.1: Natürliche Zahlen und Zahlenfolgen
- Kapitel 5.8: Zählprinzip und Baumdiagramm

Lösung

1. a) 2 Minuten,
5 HMd 2 ZT 3 H = 500 000 020 300 — 2 BE

b) 2 Minuten,
8 057 020 010 = 8 Md 5 ZM 7 M 2 ZT 1 Z — 2 BE

c) 3 Minuten,

Zahl	199 009 000	
Vorgänger	199 008 999	1 BE
Nachfolger	199 009 001	1 BE

2. a) 3 Minuten,

Flughafen	Fluggäste	Gerundete Anzahl in Millionen	
Frankfurt am Main	54 241 000	**54**	
München	33 903 000	**34**	
Düsseldorf	17 773 000	**18**	3 BE

b) 4 Minuten,

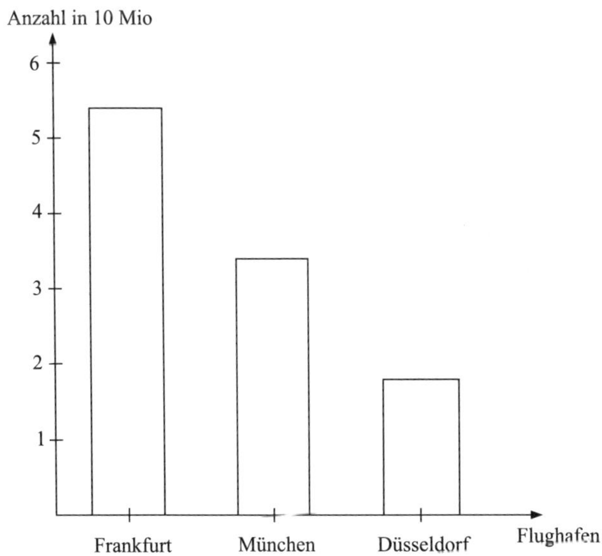

3 BE

c) 2 Minuten,
Wenn z die wirkliche Zahl der Flüge angibt, dann gilt:
$431\,500 \leq z < 432\,500$ 2 BE

3. a) 4 Minuten, /
(1) 16 Punkte

2 BE

(2) 10 Punkte

3 BE

b) 4 Minuten, /
(1) …, 13, 16, 19, … (Es wird jeweils 3 addiert.) 1 BE
(2) …, 15, 21, 28, … (Es wird erst 2, dann 3, dann 4, … addiert.) 2 BE

c) 2 Minuten,
1, 2, 4, 8, 16, 32, 64, <u>128</u>, 256 …
(Es wird jeweils mit 2 multipliziert.) Das 8. Glied heißt 128. 2 BE

4. a) 3 Minuten,
Es gibt 9 Hunderter. In jedem Hunderter gibt es je 10 mit der 5 bzw. 6 an der Zehnerstelle.
Also gibt es $9 \cdot 20 = 180$ solche Zahlen. 2 BE

b) 6 Minuten, /
(1) Bei zwei gleichen Ziffern gibt es die Möglichkeiten aab, aba und baa, z. B. 11*, 1*1 und *11.
Für die erste Zahl kommen 9 Ziffern, für die zweite 10 Ziffern infrage, d. h. es gibt $3 \cdot 9 \cdot 10 = 270$ solche Zahlen. 4 BE
(2) 998, 989, 899 besitzen die größte Quersumme 26. 2 BE

c) 4 Minuten, /
$11 = 9+1+1 = 9+2+0 = 8+2+1 = 8+3+0 = 7+2+2$
$= 7+3+1 = 7+4+0$
$\Rightarrow$ 911, 920, 902, 821, 812, 830, 803, 722, 731, 713, 740, 704. 4 BE

5. 🕓 6 Minuten, 🥜🥜

Die Zahl habe die Zifferndarstellung xy. Dann gilt:

$x - y = 4$

bzw. $y - x = 4$

Infrage kommen die Zahlen 15, 26, 37, 48, 59. 2 BE

Es gilt: $51 - 15 = 36$

$62 - 26 = 36$

$73 - 37 = 36$

$84 - 48 = 36$

$95 - 59 = 36$ 2 BE

Der Differenzwert ist stets 36.

Klassenarbeit 2

1. a) Gib Vorgänger V und Nachfolger N der Zahl 1 210 000 an. 2 BE

b) Zerlege die Zahl in Stufen: 83 000 610 000 2 BE

c) Schreibe in Ziffern und als Zehnerpotenz: Achthundert Milliarden 2 BE

2. a) Bestimme die kleinste und die größte fünfstellige Zahl mit der Quersumme 12. 3 BE

b) Gib alle dreistelligen Zahlen mit unterschiedlichen Ziffern an, die die Quersumme 21 besitzen. 3 BE

c) Eine zweistellige Zahl hat die Quersumme 10. Vertauscht man ihre Ziffern, dann ist die Differenz aus der ersten Zahl und der zweiten Zahl um 1 kleiner als die zweite Zahl. 4 BE

3. Fülle die Pyramiden aus:

a)

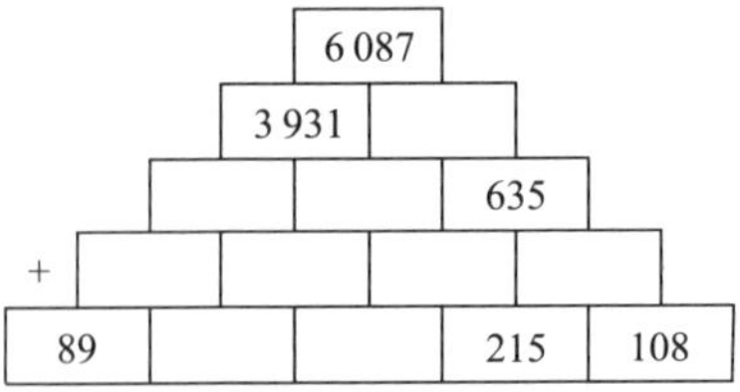

3 BE

b)

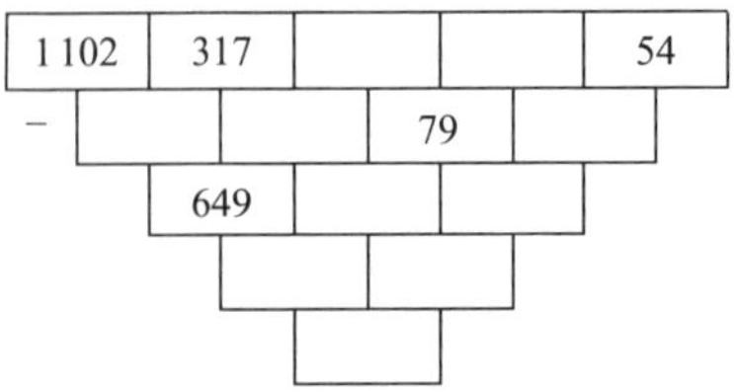

3 BE

4. a) Gib die Teilermengen T_{28} und T_{36} an. Bestimme dann jeweils die Menge aller Elemente x mit 5 BE

(1) $x \in T_{28} \wedge x \in T_{36}$

(2) $x \in T_{28} \wedge x \notin T_{36}$

(3) $x \in T_{28} \vee x \in T_{36}$

b) Welche Aussage ist wahr (w.), welche falsch (f.)? 3 BE

(1) $6 \notin T_{32}$

(2) $5 \in V_3$

(3) $V_3 \subseteq V_6$

c) Überprüfe, ob 127 eine Primzahl ist. 3 BE

5. In einem magischen Quadrat (mit lauter aufeinanderfolgenden unterschiedlichen Zahlen!) ist die Summe in jeder Zeile, in jeder Spalte und in jeder der beiden Diagonalen gleich groß.

a) Welchen Wert besitzt die Zahl x? 4 BE

b) Vervollständige das Quadrat zu einem magischen Quadrat. 3 BE

		x
11	7	
		10

Hinweise und Tipps

1. a) Beachte Addition und Subtraktion von 1.

b) Gib die Stufen im Zehnersystem an.

c) Zehnerpotenzdarstellung aus Ziffernschreibweise entwickeln.

2. a) Quersumme aus fünf Zahlen überlegen, dann kleinste und größte bestimmen.

b) Quersumme 21 aus drei Summanden bilden und alle Ziffernvertauschungen aufschreiben.

c) Schreibe alle möglichen Zahlen auf, bilde die Differenzen und wähle die richtige Zahl aus.

3. a) In einem Feld steht jeweils der Summenwert der Zahlen aus den zwei darunter liegenden Feldern.

b) In einem Feld steht jeweils der Differenzwert der Zahlen aus den zwei darüber liegenden Feldern.

4. a) Bilde die Teilmengen T_{28} und T_{36} und gib die gesuchten Mengen an.

b) Überprüfe die Aussagen auf Wahrheitsgehalt.

c) Teilbarkeit durch Primzahlen (bis 11) überprüfen.

5. a) Wende die Regeln im magischen Quadrat (Spaltensumme = Zeilensumme) an.

b) Bildungsregel eines 3×3-Quadrates anwenden.

Vertiefende Hinweise zum Lösen der Aufgaben findest du in
Training Mathematik, 5. Klasse (Buch-Nr.: 90005)

- Kapitel 1.1: Dezimalsystem (Zehnersystem)
- Kapitel 2.1: Natürliche Zahlen und Zahlenfolgen
- Kapitel 2.2: Mengen
- Kapitel 5.5: Primzahlen und Primfaktorzerlegung

Lösung

1. a) 2 Minuten,

Zahl	1 210 000	
Vorgänger	1 209 999	1 BE
Nachfolger	1 210 001	1 BE

b) 2 Minuten,

83 000 610 000 = 8 ZMd 3 Md 6 HT 1 ZT — 2 BE

c) 2 Minuten,

$800\,000\,000\,000 = 8 \cdot 10^{11}$ — 2 BE

2. a) 2 Minuten,

größte Zahl: 93 000 — 1 BE
kleinste Zahl: 10 029 — 2 BE

b) 5 Minuten,

$21 = 9 + 8 + 4 = 9 + 7 + 5 = 8 + 7 + 6$
984, 948, 894, 849, 498, 489 — 1 BE
975, 957, 795, 759, 597, 579 — 1 BE
876, 867, 786, 768, 687, 678 — 1 BE

c) 5 Minuten,

Es kommen die folgenden Zahlen infrage: 91, 82, 73, 64 — 2 BE
$91 - 19 = 72$ f. $82 - 28 = 54$ f. $73 - 37 = 36$ w. $64 - 46 = 18$ f. — 2 BE
(f. steht für falsch, w. für wahr)
$\Rightarrow$ Die gesuchte Zahl heißt 73.

3. a) 3 Minuten,

6 087
3 931 | **2 156**
2 410 | **1 521** | 635
+ **1 201** | **1 209** | 312 | **323**
89 | **1 112** | **97** | 215 | 108

3 BE

b) 4 Minuten,

	1102	317	**181**	**102**	54
–	**785**	**136**	79	**48**	
	649	**57**	**31**		
	592	**26**			
	566				

3 BE

4. a) 5 Minuten,

$T_{28} = \{1, 2, 4, 7, 14, 28\}$ — 1 BE

$T_{36} = \{1, 2, 3, 4, 6, 9, 12, 18, 36\}$ — 1 BE

(1) $\{1, 2, 4\}$ $(= T_{28} \cap T_{36})$ — 1 BE

(2) $\{7, 14, 28\}$ $(= T_{28} \setminus T_{36})$ — 1 BE

(3) $\{1, 2, 3, 4, 6, 7, 9, 12, 14, 18, 28, 36\}$ $(= T_{28} \cup T_{36})$ — 1 BE

b) 3 Minuten,

(1) w., weil 6 kein Teiler von 32 ist. — 1 BE

(2) f., weil 5 nicht in $V_3 = \{3, 6, 9, \ldots\}$ liegt. — 1 BE

(3) f., weil umgekehrt V_6 eine Teilmenge von V_3 ist. — 1 BE

c) 4 Minuten,

$\nmid$ steht im Folgenden für „teilt nicht".

$2 \nmid 127$, weil 127 ungerade — 0,5 BE

$3 \nmid 127$, weil Quersumme (127) = 10 — 0,5 BE

$5 \nmid 127$, weil 127 nicht auf 0 oder 5 endet — 0,5 BE

$7 \nmid 127$, weil $7 \cdot 18 = 126$ und $7 \cdot 19 = 133$ — 0,5 BE

$11 \nmid 127$, weil $11 \cdot 11 = 121$ und $11 \cdot 12 = 132$ — 0,5 BE

$\Rightarrow$ 127 ist eine Primzahl — 0,5 BE

5. a) 4 Minuten,

Es muss gelten: $11 + 7 = x + 10 \Rightarrow x = 8$ — 4 BE

b) 4 Minuten,

In einem magischen Quadrat aus 3×3-Feldern ist der Mittelpunkt der „Symmetriepunkt" der Summe, d. h. die Summe ist $3 \cdot 7 = 21$.

4	**9**	**8**
11	7	**3**
6	**5**	10

3 BE

Klassenarbeit 3

1. a) Gib jeweils die größte vierstellige Zahl an, die
(1) genau eine 2, 1 BE
(2) keine Ziffer zweimal, 1 BE
(3) genau eine Ziffer zweimal 1 BE
enthält.

b) Gib die kleinste und die größte vierstellige Zahl mit der Quersumme 14 an. 2 BE

c) Eine zehnstellige Zahl hat die Quersumme 9. Welchen Wert erhält man, wenn man alle Ziffern der Zahl miteinander malnimmt? 2 BE

2. a) Setze zwei Rechenzeichen ein (zweimal +, zweimal –, oder einmal + und einmal –): 2 BE
(1) 1 2 3 4 5 = 41
(2) 8 1 7 1 3 = 38

b) Welche Differenz ergibt sich, wenn man statt die Zahl 72 zu addieren die Zahl 27 subtrahiert? 2 BE

c) Bestimme die Differenz der größten und der kleinsten vierstelligen Zahl mit lauter unterschiedlichen Ziffern. 3 BE

3. a) Schreibe die Tabelle ab und vervollständige sie: 3 BE

Zahl			1 100 000
Vorgänger	17 099		
Nachfolger		66 000	

b) Welche Summe haben die geraden Zahlen von 2 bis 100? 3 BE

c) Die Summe aus fünf voneinander verschiedenen Zahlen beträgt 100. Wie groß kann die größte der fünf Zahlen maximal sein? 3 BE

4. a) (1) Welche geraden Zahlen erfüllen die Ungleichung $x + 18 < 31$? 2 BE
(2) Welche Zahlen aus V_3 erfüllen die Ungleichung $33 - x < 18$? 2 BE

b) Berechne unter Beachtung der Klammerregeln:
$[8\,009 - (3\,329 - 620)] - [(9\,738 - 6\,629) - 1\,839] =$ 4 BE

c) Zeichne für die Höhen der folgenden drei Bauwerke ein Säulendiagramm:
Ulmer Münster: 161 m
Fernsehturm Berlin: 368 m
Fernsehturm Nürnberg: 292 m
Verwende für die wirkliche Länge 50 m die Länge 1 cm in der Zeichnung. 3 BE

5. Die vier Schüler Alexander, Benedikt, Daniel und Felix laufen auf dem Schulsportfest eine Strecke von 100 m gegeneinander.
Wie viele verschiedene Zieleinläufe (ohne „totes" Rennen, d. h. keine zwei Schüler erreichen gleichzeitig das Ziel) sind möglich, wenn man nur weiß, dass Benedikt nicht vor Alexander ins Ziel kommt? 6 BE

Hinweise und Tipps

1. a) Verwende den Aufbau der Zahlen im Zehnersystem.

b) Quersumme überlegen und kleinste bzw. größte Zahl auswählen.

c) Beachte den Aufbau der Quersumme und schließe auf die Ziffern.

2. a) Setze Rechenzeichen ein und überprüfe das Ergebnis.

b) Veränderung im Rechengang beachten.

c) Zahlen bilden und dann Differenz ausrechnen.

3. a) Beachte die Addition und Subtraktion von 1.

b) Geschickte Addition nach der Methode des „kleinen Gauß".

c) Beachte den Aufbau der Summe.

4. a) Löse Ungleichungen durch Einsetzen der zugelassenen Zahlen.

b) Erst die runden, dann die eckigen Klammern ausrechnen.

c) Größte Länge auf der Hochachse wählen, die Längen der Säulen bestimmen und einzeichnen.

5. Bestimme die Anzahl der möglichen Reihenfolgen. Beginne z. B. mit Alexander. Überlege, wie oft dabei Benedikt vor Alexander liegen würde **oder** schreibe alle Möglichkeiten in der Kurzschreibweise z. B. ABDF usw. auf.

Vertiefende Hinweise zum Lösen der Aufgaben findest du in
Training Mathematik, 5. Klasse (Buch-Nr.: 90005)

- Kapitel 1.1: Dezimalsystem (Zehnersystem)
- Kapitel 2.1: Natürliche Zahlen und Zahlenfolgen
- Kapitel 2.3: Gleichungen und Ungleichungen
- Kapitel 3: Veranschaulichung natürlicher Zahlen mithilfe von Diagrammen
- Kapitel 4.1: Addition und schriftliches Addieren
- Kapitel 4.5: Verbindung von Addition und Subtraktion
- Kapitel 5.8: Zählprinzip und Baumdiagramm

Lösung

1. a) 3 Minuten,

(1) 9 992 — 1 BE

(2) 9 876 — 1 BE

(3) 9 987 — 1 BE

b) 2 Minuten,

kleinste Zahl: 1 049 — 1 BE

größte Zahl: 9 500 — 1 BE

c) 3 Minuten,

Es muss mindestens einmal die Ziffer 0 dabei sein, d. h. das Produkt der Ziffern hat den Wert 0. — 2 BE

2. a) 2 Minuten,

(1) $12 + 34 - 5 = 41$ — 1 BE

(2) $8 + 17 + 13 = 38$ — 1 BE

b) 2 Minuten,

Es ergibt sich eine Differenz von $72 + 27 = 99$. — 2 BE

c) 2 Minuten,

größte Zahl: 9 876 — 1 BE

kleinste Zahl: 1 023 — 1 BE

$\Rightarrow$ $9\,876 - 1\,023 = 8\,853$ — 1 BE

3. a) 5 Minuten, /

Zahl	**17 100**	**65 999**	1 100 000	1 BE
Vorgänger	17 099	**65 998**	**1 099 999**	1 BE
Nachfolger	**17 101**	66 000	**1 100 001**	1 BE

b) 5 Minuten, /

$$2 + 4 + 6 + \ldots + 98 + 100 \quad \text{1 BE}$$

$$\underline{100 + 98 + 96 + \ldots + 4 + 2}$$

$$102 + 102 + 102 + \ldots + 102 + 102 = 50 \cdot 102 = 5\,100 \quad \text{1 BE}$$

$\Rightarrow$ Die gesuchte Summe ist $5\,100 : 2 = 2\,550$. — 1 BE

c) 3 Minuten,

$1+2+3+4=10 \Rightarrow 100-10=90$ 3 BE

Die größte Zahl kann maximal den Wert 90 besitzen.

4. a) 4 Minuten,

(1) 2, 4, 6, 8, 10, 12 2 BE

(2) 33, 30, 27, 24, 21, 18 2 BE

b) 5 Minuten,

$[8\,009-(3\,329-620)]-[(9\,738-6\,629)-1\,839]=$

$=[8\,009-2\,709]-[3\,109-1\,839]$ 2 BE

$=5\,300-1\,270$ 1 BE

$=4\,030$ 1 BE

c) 4 Minuten,

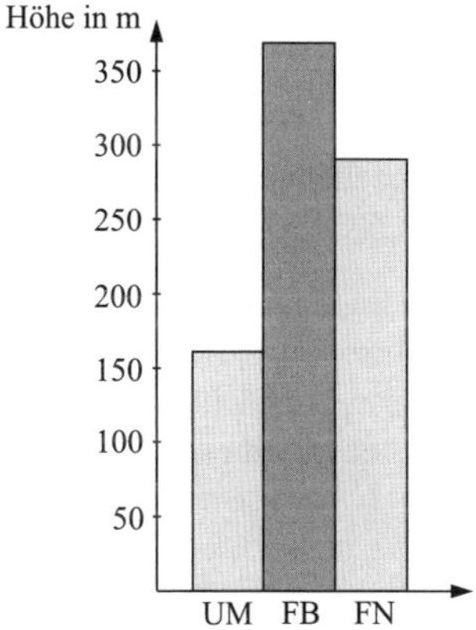

3 BE

5. 5 Minuten,

Alexander: hat 4 Plätze zur Auswahl
Benedikt: hat noch 3 Plätze zur Auswahl
Daniel: hat noch 2 Plätze zur Auswahl
Felix: hat nur noch 1 Platz zur Auswahl

$\Rightarrow$ Insgesamt gibt es $4\cdot3\cdot2\cdot1=24$ verschiedene Einläufe. 3 BE

Bei der Hälfte dieser Einläufe liegt Benedikt vor Alexander. Es gibt daher 12 Möglichkeiten des Einlaufs. (Man kann auch alle zwölf Einläufe in der Form ABDF, ABFD, … aufschreiben.) 3 BE

Klassenarbeit 4

1. a) Die Quersumme einer Zahl x hat den Wert 24.
Kann die Zahl $x+6$ die Quersumme 23 besitzen? 3 BE

b) Die Zahl x ist die kleinste ungerade natürliche Zahl mit der Quersumme 15. Bestimme das Produkt der Ziffern dieser Zahl. 3 BE

c) Setze die Zahlenfolge um die nächsten drei Zahlen fort:
2, 4, 5, 10, 11, … 3 BE

2. a) Die Summe von fünf Zahlen ist 3 118.
Wie groß ist die Summe, wenn man den Summanden 986 durch 689 ersetzt? 2 BE

b) Berechne geschickt:
$147+411+343+589=$ 2 BE

c) Lassen sich die fünf geraden Zahlen 2, 4, 6, 8, 10 so durch Plus- bzw. Minuszeichen verbinden, dass der Rechenausdruck den Wert 0 besitzt? 3 BE

3. a) Herr Freigeb möchte jedem seiner Besucher fünf Geschenke mitgeben. Als er merkt, dass für einen der Besucher nichts übrig bleibt, gibt er jedem nur vier Geschenke. Jetzt bleiben zwei Geschenke übrig.
Wie viele Besucher hatte Herr Freigeb? 3 BE

b) Runde auf die in der Klammer angegebene Einheit:
(1) 869 510 (Runde auf Tausender.) 1 BE
(2) 968 940 (Runde auf Hunderter.) 1 BE

c) Runde die Zahlen 688 988, 305 667 und 214 615 auf Zehntausender. Zeichne sie dann auf einen Zahlenstrahl von 0 bis 1 Million, auf dem die Zahl 100 000 von der Zahl 0 den Abstand 1 cm hat. 4 BE

4. a) Gib die Art des Terms an, gliedere ihn und berechne seinen Wert:
$8\,846-[4\,856-(1\,203+2\,128)]=$ 5 BE

b) Welche Ziffern fehlen?

(1)

		3	4	2	□
+		7	□	2	4
	□	□	0	□	6

2 BE

(2)

	8	□	2	4
−	□	3	□	2
	4	4	8	□

2 BE

c) In einem magischen Quadrat ist die Summe in jeder Zeile, in jeder Spalte und in jeder der beiden Diagonalen gleich groß.

Wie groß ist im nebenstehenden Quadrat die Summe der noch fehlenden Zahlen?

3		8
	6	
		9

3 BE

5. Zwei aufeinanderfolgende Primzahlen, die sich nur um 2 unterscheiden, heißen Primzahlzwillinge.
Bestimme alle zweistelligen Primzahlzwillinge, die kleiner als 50 sind. 3 BE

Hinweise und Tipps

1. a) Beachte den Aufbau von Zahlen und die Teilbarkeitsregel bei Quersummen.

b) Suche die zweistellige Zahl und bilde das Produkt der Ziffern.

c) Das Bildungsgesetz der Folge beachten.

2. a) Beachte die Summenbildung.

b) Wende das Kommutativ- und das Assoziativgesetz an.

c) Beachte, wie sich die Summe 0 ergeben würde.
Berechne dazu $2+4+6+8+10$.

3. a) Bestimme die Anzahl der Besucher durch Überlegen.

b) Rundungsregel auf geltende Ziffern anwenden.

c) Runde und bestimme die Längen der Zahlen in mm.
Grafische Darstellung auf einem Zahlenstrahl der Länge 10 cm.

4. a) Lege zuerst die Termart am Hauptrechenzeichen fest. Benenne dann die einzelnen Termglieder. Rechne zuerst die runde, dann die eckige Klammer aus.

b) Beachte die Regeln von schriftlicher Addition und Subtraktion.

c) Beachte die Regel beim magischen Quadrat.

5. Schreibe die Primzahlen von 2 bis 47 auf und suche die „Zwillinge“.

Vertiefende Hinweise zum Lösen der Aufgaben findest du in
Training Mathematik, 5. Klasse (Buch-Nr.: 90005)
- Kapitel 2.1: Natürliche Zahlen und Zahlenfolgen
- Kapitel 3: Veranschaulichung natürlicher Zahlen mithilfe von Diagrammen
- Kapitel 4.1: Addition und schriftliches Addieren
- Kapitel 4.2: Rechengesetze
- Kapitel 4.3: Subtraktion und schriftliches Subtrahieren
- Kapitel 4.5: Verbindung von Addition und Subtraktion
- Kapitel 5.5: Primzahlen und Primfaktorzerlegung

Lösung

1. a) 3 Minuten,

Da die Quersumme von x den Wert 24 hat, ist x durch 3 teilbar. $x+6$ müsste auch durch 3 teilbar sein. Das ist hier nicht der Fall, weil die Quersumme 23 nicht durch 3 teilbar ist. Die Summe kann also nicht die Quersumme 23 besitzen. 3 BE

b) 3 Minuten,

Die Zahl muss zweistellig sein. Als kleinste Zahl kommt nur die 69 infrage $\Rightarrow \quad 6 \cdot 9 = 54$ 3 BE

c) 2 Minuten,

Es wird verdoppelt, dann 1 addiert, dann verdoppelt und 1 addiert, …, 22, 23, 46, … 3 BE

2. a) 3 Minuten,

$3\,118-(986-689)=3\,118-297=2\,821$

Die Summe hat den Wert 2 821. 2 BE

b) 2 Minuten,

$147+411+343+589=$

$=(147+343)+(411+589)$ 1 BE

$=490+1\,000=1\,490$ 1 BE

c) 4 Minuten,

Wegen $2+4+6+8+10=30$ würde man den Wert 0 erhalten, wenn die Anzahl der Glieder mit dem Pluszeichen den Wert 15 und die mit dem Minuszeichen ebenfalls den Wert 15 hätten. Das ist aber mit geraden Zahlen nicht möglich. 3 BE

3. a) 4 Minuten,

Erst fehlen fünf Geschenke, dann sind zwei übrig, d. h. es handelt sich um $5+2=7$ Besucher. Probe: $(7-1)\cdot 5 = 7\cdot 4+2$ w. 3 BE

b) 2 Minuten,

(1) $869\,510 \approx 870\,000$ 1 BE

(2) $968\,940 \approx 968\,900$ 1 BE

c) 5 Minuten,
$z_1 = 688\,988 \approx 690\,000$; $z_2 = 305\,667 \approx 310\,000$;
$z_3 = 214\,615 \approx 210\,000$ 1,5 BE

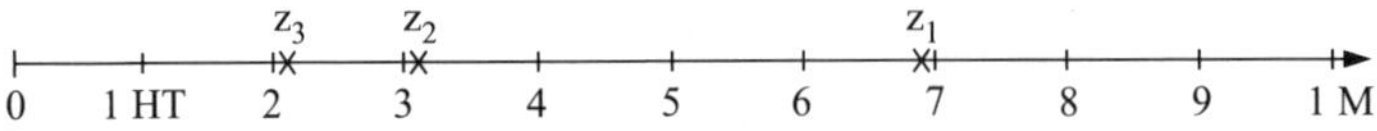

2,5 BE

4. a) 6 Minuten, /
Der Term ist eine Differenz. Der Minuend ist die Zahl 8 846. Der Subtrahend ist die Differenz aus 4 856 und der Summe der Zahlen 1 203 und 2 128. 2 BE

$8\,846 - [4\,856 - (1\,203 + 2\,128)] =$
$= 8\,846 - [4\,856 - 3\,331]$ 1 BE
$= 8\,846 - 1\,525$ 1 BE
$= 7\,321$ 1 BE

b) 4 Minuten,

(1)

		3	4	2	2
+		7	6	2	4
	1	1	0	4	6

2 BE

(2)

	8	8	2	4
–	4	3	4	2
	4	4	8	2

2 BE

c) 3 Minuten,
Die Summe der noch fehlenden Zahlen ist
$3 \cdot 18 - (3 + 6 + 8 + 9) = 54 - 26 = 28$ 3 BE

5. 4 Minuten,
11, 13
17, 19
29, 31
41, 43 3 BE

Klassenarbeiten zum Themenbereich 2: Einführung der ganzen Zahlen; Addition und Subtraktion

Klassenarbeit 5

1. a) (1) Wie ändert sich der Wert einer Summe, wenn der 1. Summand um 24 vergrößert und der 2. Summand um 16 verkleinert wird? 1 BE

(2) Wie ändert sich der Wert einer Differenz, wenn der Minuend um 24 vergrößert und der Subtrahend um 16 verkleinert wird? 1 BE

b) Welche ungeraden Zahlen sind kleiner als 12 und ihr Doppeltes größer als 12? Schreibe alle wahren Aussagen auf. 2 BE

c) Gib die kleinste und die größte fünfstellige Zahl mit lauter unterschiedlichen Ziffern an, die die gleiche Quersumme besitzen wie die Zahl 789. 2 BE

2. a) Ordne in einer fallenden Ungleichungskette:
14; –12; 5; –11; 0; –9 2 BE

b) Welche Zahl ist um 4 BE
(1) 3 größer als –8,
(2) 4 kleiner als 1,
(3) 9 größer als –11,
(4) 2 kleiner als –9?

c) Das Thermometer zeigt morgens 3° unter dem Gefrierpunkt. Bis zum Mittag steigt die Temperatur um 11°, bis einschließlich der Nacht fällt sie um 15°.
Gib die Mittagstemperatur und die nach der nächsten Nacht an. 2 BE

3. a) Berechne:
$987 - 238 - 369 + 928 - 1\,090 + 409 - 127 =$ 3 BE

b) Berechne:
$4\,306 - (239 - 68) + [1\,202 - (468 - 39)] - 908 =$ 5 BE

4. a) Stelle einen Term auf und berechne:
Addiere die Differenz der Zahlen 192 und 83 zur Summe der Zahlen 213 und 187 und berechne, wie viel noch zur Zahl 1 000 fehlt. 4 BE

b) (1) Markiere auf einer Zahlengeraden alle ganzen Zahlen, deren Entfernung von –2 höchstens 3 beträgt. 3 BE

(2) Auf einer Zahlengeraden sind fünf gleich weit voneinander entfernte Zahlen abgetragen.
Ergänze die fehlenden. 5 BE

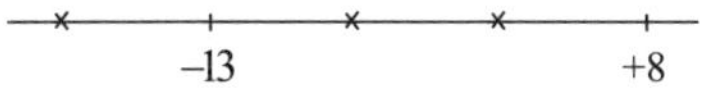

5. a) Aus den drei Münzen 1 Cent, 2 Cent und 50 Cent kann eine vierstellige Zahl gebildet werden, wie z. B. 1 250 in der unten stehenden Skizze.
Gib in einer steigenden Ungleichungskette alle möglichen vierstelligen Zahlen an, die so gebildet werden können. 3 BE

b) Sandra verrät über die Höhe ihres Taschengelds:
„Es liegt zwischen 10 € und 100 €, aber nicht in der Mitte, sondern von 100 € vier mal so weit entfernt wie von 10 €.“
Wie viel Taschengeld bekommt Sandra? 3 BE

Hinweise und Tipps

1. a) Beachte die Bildung einer Summe bzw. einer Differenz.

b) Suche die passenden ungeraden Zahlen und schreibe wahre Aussagen auf.

c) Bilde die Quersumme und finde die gesuchten fünfstelligen Zahlen.

2. a) Stelle dir die Lage der Zahlen auf der Zahlengeraden vor.

b) Überlege dir die Relationen auf der Zahlengeraden.

c) Berechne die Temperaturdifferenzen.

3. a) Subtrahiere von der Summe der Plusglieder die Summe der Minusglieder.

b) Erst runde Klammern, dann eckige Klammern ausrechnen. Dann von der Summe der Plusglieder die Summe der Minusglieder subtrahieren.

4. a) Finde den Ansatz in der Form $1\,000-[(192-83)+(213+187)]$ und berechne dann, d. h. rechne zuerst runde Klammern, dann eckige Klammern aus.

b) Zeichne eine Zahlengerade und ermittle Abstände auf der Zahlengeraden.

5. a) Beachte, dass 50 nur in dieser Form auftreten kann. Die insgesamt sechs Zahlen anordnen.

b) Die Differenz der Randbeträge in 5 Teile teilen und einen Teil zum unteren Rand addieren.

Vertiefende Hinweise zum Lösen der Aufgaben findest du in
Training Mathematik, 5. Klasse (Buch-Nr.: 90005)

- Kapitel 4.5: Verbindung von Addition und Subtraktion natürlicher Zahlen
- Kapitel 5.7: Terme, Rechenbäume, Gleichungen und Ungleichungen
- Kapitel 6.2: Zahlengerade und Anordnung der ganzen Zahlen
- Kapitel 7.3: Einfache Terme zu Addition und Subtraktion ganzer Zahlen

Lösung

1. a) 2 Minuten,

(1) Die Summe wird um $24 - 16 = 8$ größer. 1 BE

(2) Die Differenz wird um $24 + 16 = 40$ größer. 1 BE

b) 2 Minuten,

$7 < 12 < 14$, $9 < 12 < 18$, $11 < 12 < 22$ 2 BE

c) 2 Minuten, /

Quersumme (789) = 24

größte Zahl: 98 610 1 BE

kleinste Zahl: 10 689 1 BE

2. a) 2 Minuten,

$14 > 5 > 0 > -9 > -11 > -12$ 2 BE

b) 4 Minuten, /

(1) –5 1 BE

(2) –3 1 BE

(3) –2 1 BE

(4) –11 1 BE

c) 2 Minuten,

$T_{Mittag} = 8°$ 1 BE

$T_{nach\ Nacht} = -7°$ 1 BE

3. a) 4 Minuten,

$987 - 238 - 369 + 928 - 1\,090 + 409 - 127 =$

$= (987 + 928 + 409) - (238 + 369 + 1\,090 + 127)$ 0,5 BE

$= 2\,324 - 1\,824$ 2 BE

$= 500$ 0,5 BE

b) 5 Minuten,

$4\,306 - (239 - 68) + [1\,202 - (468 - 39)] - 908 =$

$= 4\,306 - 171 + [1\,202 - 429] - 908$ 2 BE

$= 4\,306 - 171 + 773 - 908$ 1 BE

$= 5\,079 - 1\,079$ 1 BE

$= 4\,000$ 1 BE

4. a) 5 Minuten,

$1\,000 - [(192 - 83) + (213 + 187)] =$

$= 1\,000 - [109 + 400]$ 2 BE

$= 1\,000 - 509$ 1 BE

$= 491$ 1 BE

b) (1) 4 Minuten,

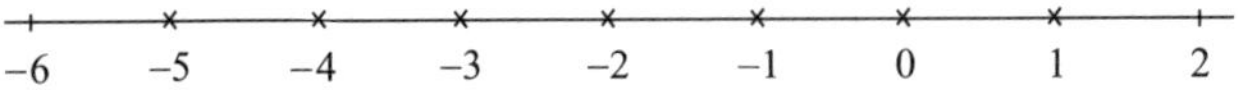

Gesucht sind die ganzen Zahlen {–5, –4, –3, –2, –1, 0, 1}. 3 BE

(2) 5 Minuten,

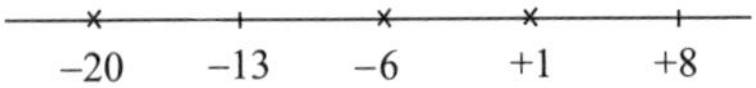

Die Differenz $8 - (-13) = 21$ wird durch 3 geteilt, d. h. die Zahlen haben den Abstand 7. Gesucht sind also die oben eingefügten Zahlen –20, –6 und 1. 5 BE

5. a) 4 Minuten, /

$1\,250 < 1\,502 < 2\,150 < 2\,501 < 5\,012 < 5\,021$ 3 BE

b) 4 Minuten, /

Die Differenz 100 € – 10 € = 90 € wird in fünf gleiche Teile geteilt, d. h. ein Teil beträgt 18 €. 2 BE

⇒ Taschengeld 10 € + 18 € = 28 € 1 BE

bzw. 100 € – 72 € = 28 €

Klassenarbeit 6

1. a) (1) Welche Zahl muss man zu −6 addieren, um +6 zu erhalten? 1 BE

(2) Welche Zahl fehlt in der Klammer?
$(+16)+(\quad)=5$ 1 BE

(3) Welche Vorzeichen müssen in den Klammern ergänzt werden?
$(\ 3)+(\ 12)=-9$ 1 BE

(4) Berechne:
$(+33)-(+13)-(+14)-(-12)=$ 1 BE

b) Von der Zahl 2 werden der Reihe nach die Zahlen −4, −2, −1, 6, 10 und 14 subtrahiert.
Bestimme jeweils den Wert der Differenz. 3 BE

2. a) In einer Summe wird der erste Summand um 1, der zweite um 2, der dritte um 3, usw. vergrößert. Insgesamt erhöht sich der Wert der Summe um 45.
Wie viele Summanden besitzt die Summe? 2 BE

b) Gib alle Zahlen $x \in \mathbb{Z}$ an, die die Ungleichung $||x|+2|<5$ erfüllen. 2 BE

c) Berechne:
$(3\,411-469)-[4\,269-(903+968)]-1\,341=$ 4 BE

3. a) Gliedere den Term und berechne ihn dann:
$(182-69)+[(48-27)+66]=$ 4 BE

b) Gib die Wortform des Terms an und berechne ihn dann:
$(232+282)-(682-150)=$ 4 BE

4. a) Stelle einen Gesamtansatz auf und berechne:
Subtrahiere von der Differenz der Zahlen 842 und 146 die Summe der Zahlen 62 und 358 und subtrahiere dann das Ergebnis von 250. 4 BE

b) Gib zuerst eine Überschlagsrechnung an und berechne dann exakt:
$16\,988+[(33\,602+65\,399)-29\,993]=$ 5 BE

5. a) Für einen Blumenkasten hat Familie Meier fünf Pflanzen gekauft und zwar zwei weiß blühende, eine rot blühende und zwei blau blühende.
Wie viele verschiedene Farbkombinationen kann Familie Meier durch unterschiedliches Pflanzen erreichen? 5 BE

b) Zeichne einen Baum für den Fall, dass eine blau blühende Pflanze beim Transport kaputt gegangen ist und eine weiß blühende auf Platz 1 gepflanzt werden soll.
Wie viele Möglichkeiten bleiben in diesem Fall? 3 BE

Hinweise und Tipps

1. a) Addition und Subtraktion ganzer Zahlen an der Zahlengeraden überlegen.

b) Bilde die Differenzen.

2. a) Rechne die Summe der dazu kommenden Zahlen nacheinander aus, d. h. $1,\ 1+2,\ 1+2+3,\ 1+2+3+4,\ \ldots$

b) Verwende zweimal die Definition des Betrags.

c) Zuerst die runden Klammern, dann die eckige Klammer ausrechnen. Dann die Summe der Minusglieder bilden und vom Plusglied subtrahieren.

3. a) Stelle zuerst das Hauptrechenzeichen fest. Benenne dann die einzelnen Glieder und rechne den Term aus.

b) Die Glieder (Summe und Differenz) der Differenz benennen und dann Termwert bestimmen.

4. a) Die Aufgabe beginnt mit 250. Bilde dann die einzelnen Glieder der Differenz. Rechne den Ausdruck aus.

b) Runde die Zahlen auf Hunderter bzw. Tausender und rechne dann aus.

5. a) Einen Platz für die rot blühende Pflanze festlegen. Dann die Anzahl der Möglichkeiten für die beiden weiß bzw. blau blühenden Pflanzen abzählen. Anzahlen multiplizieren.

b) Beginne den Baum mit einer weiß blühenden Pflanze auf Platz 1.

Vertiefende Hinweise zum Lösen der Aufgaben findest du in
Training Mathematik, 5. Klasse (Buch-Nr.: 90005)

- Kapitel 4.5: Verbindung von Addition und Subtraktion natürlicher Zahlen
- Kapitel 5.7: Terme, Rechenbäume, Gleichungen und Ungleichungen
- Kapitel 5.8: Zählprinzip und Baumdiagramm
- Kapitel 6.2: Zahlengerade und Anordnung der ganzen Zahlen
- Kapitel 7.1: Addition ganzer Zahlen
- Kapitel 7.2: Subtraktion ganzer Zahlen
- Kapitel 7.3: Einfache Terme zu Addition und Subtraktion ganzer Zahlen

Lösung

1. a) 4 Minuten, /

(1) +12 — 1 BE

(2) −11 — 1 BE

(3) $(+3)+(-12)=-9$ — 1 BE

(4) $33-13-14+12=45-27=18$ — 1 BE

b) 3 Minuten,

$2-(-4)=6$ — 0,5 BE

$2-(-2)=4$ — 0,5 BE

$2-(-1)=3$ — 0,5 BE

$2-6=-4$ — 0,5 BE

$2-10=-8$ — 0,5 BE

$2-14=-12$ — 0,5 BE

2. a) 4 Minuten, /

Die Summe der ersten 9 Zahlen bildet die Folge — 2 BE
1, 3, 6, 10, 15, 21, 28, 36, 45, d. h. neun Summanden.

b) 2 Minuten,

$x \in \{-2, -1, 0, 1, 2\}$ — 2 BE

c) 5 Minuten, /

$(3\,411-469)-[4\,269-(903+968)]-1\,341=$

$=2\,942-[4\,269-1871]-1\,341$ — 1 BE

$=2\,942-2\,398-1\,341$ — 1 BE

$=2\,942-3\,739$ — 1 BE

$=-797$ — 1 BE

3. a) 5 Minuten,

Der Term ist eine Summe. Der erste Summand ist die Differenz aus 182 und 69, der 2. Summand ist die Summe aus der Differenz der Zahlen 48 und 27 und der Zahl 66. — 2 BE

$(182-69)+[(48-27)+66]=$

$=113+[21+66]$ — 1 BE

$=113+87$ — 1 BE

$=200$

b) 3 Minuten,
Subtrahiere von der Summe der Zahlen 232 und 282 die Differenz der Zahlen 682 und 150. 2 BE
$(232+282)-(682-150)=$
$=514-532$ 1 BE
$=-18$ 1 BE

4. a) 4 Minuten, /
$250-[(842-146)-(62+358)]=$
$=250-[696-420]$ 2 BE
$=250-276$ 1 BE
$=-26$ 1 BE

b) 6 Minuten,
$16\,988+[(33\,602+65\,399)-29\,993]=$
$=17\,000+[(33\,600+65\,400)-30\,000]$ 1 BE
$=17\,000+[99\,000-30\,000]$ 1 BE
$=17\,000+69\,000=86\,000$ 1 BE

exakt:
$16\,988+[(33\,602+65\,399)-29\,993]=$
$=16\,988+[99\,001-29\,993]$ 1 BE
$=16\,988+69\,008=85\,996$ 1 BE

5. a) 6 Minuten,
Die rot blühende Pflanze wird auf Platz 1 gesetzt. Dazu gibt es für die beiden weiß blühenden Pflanzen die sechs Möglichkeiten auf den Plätzen 2/3, 2/4, 2/5, 3/4, 3/5, 4/5. Die restlichen Plätze nehmen die beiden blau blühenden Pflanzen ein. Da die eine rot blühende Pflanze insgesamt an fünf Plätzen stehen kann, gibt es $5 \cdot 6=30$ unterschiedliche Farbkombinationen. 5 BE

b) 3 Minuten,

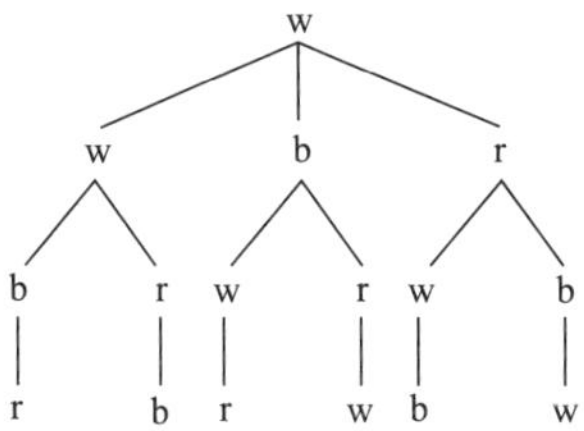

Es bleiben sechs Möglichkeiten. 3 BE

Klassenarbeit 7

1. a) Stelle einen Term auf und berechne:
Subtrahiere von 2 166 die Differenz der Zahlen 937 und 383 sowie die Summe der Zahlen 514 und 438 — 5 BE

b) Berechne:
$22-[31-(42-65)-(32-48)]=$ — 3 BE

c) Berechne:
$(2^5-5^2)-(3^4-4^3)=$ — 3 BE

d) Berechne:
$|5-|6-12||=$ — 2 BE

2. a) Gib die Art des Terms an, gliedere ihn und berechne seinen Wert: — 5 BE
$6\,848-[2\,858-(403+328)]=$

b) Wie ändert sich der Wert des Terms, wenn jeder der vier darin enthaltenen Zahlen um 5 verkleinert wird? — 2 BE

3. a) In der folgenden Aufgabe wurden zwei Klammern vergessen.
Füge sie so ein, dass die Rechnung richtig ist:
$330-618-519-839=-608$ — 5 BE

b) Welche Zahl muss man von der doppelten Summe der Zahlen 574 und 323 subtrahieren, um die halbe Differenz der Zahlen 817 und 509 zu erhalten? — 5 BE

c) Gib alle Zahlen $x \in \mathbb{Z}$ an, die die folgende Gleichung erfüllen:
$|2-x|=3$ — 2 BE

4. In einer Schachtel liegen jeweils 20 rote, blaue, schwarze und weiße Kugeln.
Wie viele Kugeln muss man aus der Schachtel mindestens (verdeckt) entnehmen, damit man mit Sicherheit von

a) einer Farbe mindestens fünf, — 2 BE

b) jeder Farbe mindestens fünf — 2 BE

Kugeln hat?

5. Bei der Bettenverteilung in der Jugendherberge bleiben Steffen und Markus für ein Sechsbettzimmer zur alleinigen Benutzung übrig. Der Herbergsvater hat im Voraus die beiden zu belegenden Betten ausgewählt. Steffen und Markus wollen aber selbst auswählen, in welchem Bett jeder schläft.
Unterscheidet sich die Auswahl des Herbergsvaters von der der Schüler und wie viele Möglichkeiten gibt es jeweils? 4 BE

Hinweise und Tipps

1. a) Beachte die richtige Reihenfolge und die Art des Terms. Klammern zuerst ausrechnen.

b) Zuerst runde Klammern, dann eckige Klammer ausrechnen. Vorzeichen beachten.

c) Erst die Potenzen, dann die Klammern ausrechnen. Vorzeichen beachten.

d) Verwende zweimal die Definition des Betrags einer Zahl.

2. a) Lege zuerst die Termart am Hauptrechenzeichen fest. Benenne dann die einzelnen Termglieder. Berechne zuerst die runde, dann die eckige Klammer.

b) Überlege, wie viele Zahlen addiert und wie viele subtrahiert werden.

3. a) Setze Klammern und rechne jeweils aus.

b) Überlege, wie man die unbekannte Zahl erhält, d. h. den Ansatz $(574+323)\cdot 2-(817-509):2=$ finden.

c) Beachte die Definition des Betrags einer Zahl.

4. a) Ungünstigsten Fall überlegen.

b) Ungünstigsten Fall überlegen.

5. Beachte die Reihenfolge der zwei Betten bei der Auswahl durch den Herbergsvater bzw. durch die Schüler. Bestimme die Anzahl nach dem allgemeinen Zählprinzip.

Vertiefende Hinweise zum Lösen der Aufgaben findest du in
Training Mathematik, 5. Klasse (Buch-Nr.: 90005)

- Kapitel 2.3: Gleichungen und Ungleichungen
- Kapitel 4.5: Verbindung von Addition und Subtraktion natürlicher Zahlen
- Kapitel 5.8: Zählprinzip und Baumdiagramm
- Kapitel 6.2: Zahlengerade und Anordnung der ganzen Zahlen
- Kapitel 7.3: Einfache Terme zu Addition und Subtraktion ganzer Zahlen

Lösung

1. a) 5 Minuten, /

$2\,166-(937-383)-(514+438)=$ 2 BE
$=2\,166-554-952$ 1 BE
$=2\,166-1\,506$ 1 BE
$=660$ 1 BE

b) 4 Minuten,

$22-[31-(42-65)-(32-48)]=$
$=22-[31-(-23)-(-16)]$ 1 BE
$=22-[31+23+16]$ 0,5 BE
$=22-70$ 0,5 BE
$=-48$ 1 BE

c) 3 Minuten,

$(2^5-5^2)-(3^4-4^3)=$
$=(32-25)-(81-64)$ 2 BE
$=7-17$
$=-10$ 1 BE

d) 2 Minuten,

$|5-|6-12||=$
$=|5-|-6||$ 0,5 BE
$=|5-6|$ 0,5 BE
$=1$ 1 BE

2. a) 6 Minuten,

Der Term ist eine Differenz. Der Minuend ist die Zahl 6 848. Der Subtrahend ist die Differenz aus 2 858 und der Summe aus 403 und 328. 2 BE

$6\,848-[2\,858-(403+328)]=$
$=6\,848-[2\,858-731]$ 1 BE
$=6\,848-2\,127$ 1 BE
$=4\,721$ 1 BE

b) 2 Minuten,

Von den vier Zahlen wird eine subtrahiert, die anderen drei werden addiert, d. h. das Ergebnis wird um $3\cdot5-5=10$ kleiner. 2 BE

3. a) 6 Minuten,

Das Ausprobieren beim Klammersetzen führt auf die Lösung:

$330-(618-519)-839=$ 3 BE

$=330-99-839$ 1 BE

$=330-938=-608$ 1 BE

b) 6 Minuten,

$(574+323)\cdot 2-(817-509):2=$ 2 BE

$=897\cdot 2-308:2$ 1 BE

$=1\,794-154$ 1 BE

$=1\,640$ 1 BE

Die gesuchte Zahl ist 1 640.

c) 2 Minuten,

$|2-x|=3 \quad \Rightarrow \quad x=-1 \;\vee\; x=5$ 2 BE

4. a) 2 Minuten,

Ungünstigster Fall: Es werden zuerst von jeder der vier Farben vier Kugeln gezogen. Die nächste Kugel ist die fünfte einer Farbe.

$\Rightarrow$ Man muss mindestens 17 Kugeln ziehen. 2 BE

b) 2 Minuten,

Ungünstigster Fall: Es werden zuerst von drei Farben je 20 Kugeln gezogen. Dann kommt erst die vierte Farbe.

$\Rightarrow$ Man muss mindestens 65 Kugeln ziehen. 2 BE

5. 5 Minuten,

Der Herbergsvater wählt zwei der sechs Betten aus. Dabei spielt die Reihenfolge keine Rolle, d. h. die Auswahl von Betten 1 und 2 ist das gleiche wie die Auswahl der Betten 2 und 1.

Bei Steffen und Markus spielt die Reihenfolge eine Rolle, d. h. die Möglichkeiten für Bett 1 und 2 in der Abfolge Steffen-Markus und Markus-Steffen sind zu unterscheiden. 2 BE

Steffen hat 6 Betten zur Auswahl, Markus nur noch 5 (oder umgekehrt), d. h. für die Jungen gibt es $5\cdot 6=30$ Möglichkeiten. 1 BE

Der Herbergsvater hat nur die Hälfte, d. h. 15 Möglichkeiten. 1 BE

Klassenarbeit 8

1. a) Berechne: 3 BE

(1) $(8-16)+45=$

(2) $(68-140)+30=$

(3) $-45+24-83=$

b) Setze die Zahlenfolgen um je drei Glieder fort:

(1) 14, 13, 11, 8, … 2 BE

(2) –18, –14, –10, … 2 BE

c) Gegeben sind die vier Zahlen –1 723, 1 448, –1 567, 3 347.
Je zwei der Zahlen werden subtrahiert.
Wie groß ist die größte auftretende Differenz? 2 BE

2. a) Berechne:
$6\,860-8\,788+2\,577-9\,571+3\,112=$ 4 BE

b) Berechne:
$1\,991-[(7\,433-2\,288)-(618-273)]-(1\,817-176)=$ 5 BE

3. a) Zeichne für den Term einen Rechenbaum und bestimme dann das Ergebnis:
$(4\,809-734)-[368+(718-41)]=$ 5 BE

b) Stelle einen Term auf und berechne:
Subtrahiere von der Zahl 800 die Summe aus der Differenz der Zahlen 192 und 83 und der Summe der Zahlen 683 und 137. 4 BE

4. a) Im Regionalexpress von München nach Erlangen sind bei der Abfahrt in München von den 240 Sitzplätzen 189 nicht besetzt. In Ingolstadt steigen 16 Personen aus und 25 ein, in Nürnberg steigen 12 weniger ein als aus und in Fürth kommen nochmals 18 Personen hinzu. Wie viele Plätze sind bei der Ankunft in Erlangen besetzt, wenn alle Personen Sitzplätze einnehmen? 5 BE

b) $50-26-18+4=$

(1) Setze Klammern so, dass der Wert des Terms 46 beträgt. 2 BE

(2) Setze Klammern so, dass der Wert des Terms möglichst klein wird und gib dessen Wert an. 2 BE

5. Zwei gleich aussehende (d. h. nicht unterscheidbare) Amseln können sich auf vier unterschiedliche Bäume (Apfelbaum, Birnbaum, Fichte und Kiefer) setzen.
Wie viele unterschiedliche Verteilungen der Amseln auf die Bäume gibt es? 4 BE

Hinweise und Tipps

1. a) Rechne die Ausdrücke der Reihe nach aus.

b) Beachte das Bildungsgesetz der Folgenglieder:
(1) Erst 1, dann 2, dann 3 usw. subtrahieren.
(2) Immer 4 addieren.

c) Mache dir die größte Differenz an der Lage auf der Zahlengeraden klar.

2. a) Subtrahiere von der Summe der Plusglieder die Summe der Minusglieder.

b) Erst die runden, dann die eckige Klammer ausrechnen. Summe der Minusglieder vom Plusglied subtrahieren.

3. a) Beginne den Rechenbaum mit der eckigen Klammer rechts. Rechne dann den Term aus.

b) Beginne mit der Zahl 800. Setze dann die Glieder des Subtrahenden in eckige Klammern und berechne den Termwert.

4. a) Addiere die einzelnen Anzahlen der anwesenden Personen.

b) Probiere verschiedene Klammersetzungen aus.

5. Addiere die Möglichkeiten, dass 2 Amseln auf einem Baum bzw. 2 Amseln auf 2 Bäumen sitzen.

Vertiefende Hinweise zum Lösen der Aufgaben findest du in
Training Mathematik, 5. Klasse (Buch-Nr.: 90005)
- Kapitel 5.7: Terme, Rechenbäume, Gleichungen und Ungleichungen
- Kapitel 5.8: Zählprinzip und Baumdiagramm
- Kapitel 6.2: Zahlengerade und Anordnung der ganzen Zahlen
- Kapitel 7.1: Addition ganzer Zahlen
- Kapitel 7.2: Subtraktion ganzer Zahlen
- Kapitel 7.3: Einfache Terme zu Addition und Subtraktion ganzer Zahlen

Lösung

1. a) 3 Minuten,

(1) $(8-16)+45=-8+45=37$ — 1 BE

(2) $(68-140)+30=-72+30=-42$ — 1 BE

(3) $-45+24-83=24-128=-104$ — 1 BE

b) 4 Minuten, /

(1) …, 4, –1, –7, … (Erst 1, dann 2, dann 3, … subtrahieren.) — 2 BE

(2) …, –6, –2, 2, … (Immer 4 addieren.) — 2 BE

c) 2 Minuten, /

Größte Differenz: $3\,347-(-1\,723)=3\,347+1\,723=5\,070$ — 2 BE

2. a) 4 Minuten,

$6\,860-8\,788+2\,577-9\,571+3\,112=$

$=(6\,860+2\,577+3\,112)-(8\,788+9\,571)$ — 1 BE

$=12\,549-18\,359$ — 2 BE

$=-5\,810$ — 1 BE

b) 6 Minuten,

$1\,991-[(7\,433-2\,288)-(618-273)]-(1\,817-176)=$ — 2 BE

$=1\,991-[5\,145-345]-1\,641$ — 1 BE

$=1\,991-4\,800-1\,641$ — 1 BE

$=-4\,450$ — 1 BE

3. a) 6 Minuten,

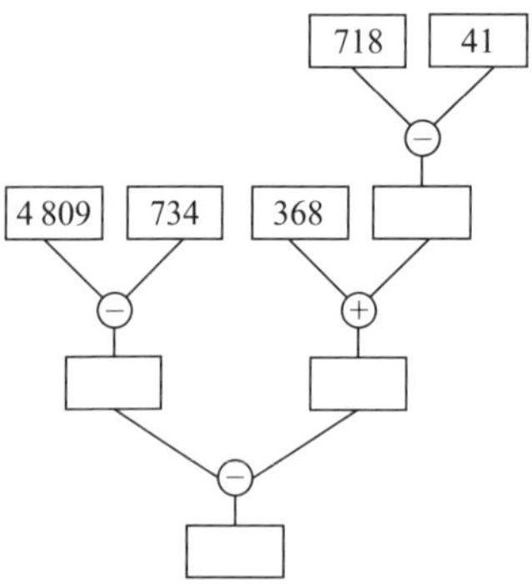

2 BE

$(4\,809-734)-[368+(718-41)]=$
$=4\,075-[368+677]$ 1 BE
$=4\,075-1\,045$ 1 BE
$=3\,030$ 1 BE

b) 5 Minuten,
$800-[(192-83)+(683+137)]=$
$=800-[109+820]$ 2 BE
$=800-929$ 1 BE
$=-129$ 1 BE

4. a) 5 Minuten,
$(240-189)+(25-16)-12+18=$ 3 BE
$=51+9-12+18$ 1 BE
$=66$ 1 BE
Es sind 66 Plätze besetzt.

b) 4 Minuten,
(1) Ausprobieren beim Klammersetzen liefert
$50-[26-(18+4)]=$ 1 BE
$=50-[26-22]$
$=50-4=46$ 1 BE
(2) $50-26-(18+4)=$ 1 BE
$=50-26-22$
$=50-48=2$ 1 BE

5. 6 Minuten,
Bäume: • • • •
2 Amseln auf einem Baum:
4 Möglichkeiten 2 • • •/• 2 • •/• • 2 •/• • • 2 1 BE
je 1 Amsel auf einem Baum:
6 Möglichkeiten 1 1 • •/1 • 1 •/1 • • 1/• 1 1 •/• 1 • 1/• • 1 1 2 BE
⇒ Es gibt insgesamt 10 verschiedene Verteilungsmöglichkeiten. 1 BE

Klassenarbeiten zum Themenbereich 3: Multiplikation und Division natürlicher und ganzer Zahlen

Klassenarbeit 9

1. a) Schreibe die Tabelle ab und vervollständige sie: 3 BE

a	–2	–5	3
b	6	–4	–5
$a-b$			
$\lvert a\rvert-\lvert b\rvert$			

b) (1) Welche Zahl liegt genau in der Mitte zwischen –14 und 8? 1 BE

(2) Die Zahl –6 liegt in der Mitte zwischen 20 und einer Zahl a. Bestimme a. 2 BE

c) Berechne:
$9-8-7-6-5-4-3-2-1=$ 2 BE

2. a) Gib das Ergebnis ohne schriftliche Nebenrechnung an: 4 BE

(1) $(12-4\cdot 3)\cdot 18\cdot 6=$
(2) $24^2\cdot(8\cdot 3-24)=$
(3) $(381:3)\cdot 3=$
(4) $0:(125\cdot 8)=$

b) Berechne geschickt: 2 BE

(1) $12\cdot 199=$
(2) $18\cdot 6+18\cdot 24=$

c) Wie verändert sich der Wert eines 2 BE

(1) Produkts, wenn man beide Faktoren verdreifacht,
(2) Quotienten, wenn man Dividend und Divisor verdreifacht?

3. a) Berechne ohne Nebenrechnungen: 6 BE

(1) $28\cdot 3-3+3\,108:3+3^3:3=$
(2) $(2\cdot 19^2-18^2):(3^2-2^3)=$

b) Berechne:
$[(12\cdot 19+14\cdot 8)\cdot 5-80\cdot 15]:25-5\cdot(9+2^3)=$ 4 BE

4. a) Berechne:
$[256\cdot 10^3:(5\cdot 10^2)-(13^2-5)\cdot 8]:(5\cdot 10^1)=$ 5 BE

b) Welche Zahl muss man durch den zwölffachen Quotienten der Zahlen 180 und 45 dividieren, um den zwölften Teil der Differenz der Zahlen 1 066 und 346 zu erhalten? 5 BE

5. Lissi hat Stifte mit zwölf unterschiedlichen Farben. Sie möchte ihren Namen farbig so schreiben, dass sie gleiche Buchstaben mit gleicher und unterschiedliche mit unterschiedlichen Farben schreibt.
Wie viele Möglichkeiten hat Lissi? 4 BE

Hinweise und Tipps

1. a) Beachte die Definitionen des Betrags und bestimme die Differenzen ganzer Zahlen.

b) Stelle dir die Zahlengerade vor und suche Mittelpunkt bzw. Randpunkt.

c) Subtrahiere von der Zahl 9 die Summe der Minusglieder.

2. a) Besonderheiten der Multiplikation und der Division ganzer Zahlen beachten.

b) Wende das Distributivgesetz an.

c) Veränderungen der einzelnen Glieder von Produkt und Quotient verwenden.

3. a) Multiplikationen und Divisionen sicher ausführen. Beachte: Punktrechnung vor Strichrechnung.

b) Punktrechnung vor Strichrechnung auch in Klammern, zuerst die runden, dann die eckige Klammer ausrechnen.

4. a) Löse die Zehnerpotenzen durch Anhängen von Nullen auf, rechne die runden Klammern und dann die eckige Klammern aus. Führe die Division aus.

b) Finde den Ansatz $[(1\,066-346):12]\cdot[12\cdot(180:45)]$ und rechne Schritt für Schritt aus.

5. Erkenne, dass es nur 3 unterschiedliche Buchstaben gibt. Lege dann für den ersten bzw. den zweiten bzw. den dritten die Anzahl der Farben fest und bilde dann das Produkt dieser Zahlen.

Vertiefende Hinweise zum Lösen der Aufgaben findest du in
Training Mathematik, 5. Klasse (Buch-Nr.: 90005)

- Kapitel 5.6: Verbindung der vier Grundrechenarten: Punkt-vor-Strich-Regel und Distributivgesetz
- Kapitel 5.7: Terme, Rechenbäume, Gleichungen und Ungleichungen
- Kapitel 5.8: Zählprinzip und Baumdiagramm
- Kapitel 6.2: Zahlengerade und Anordnung der ganzen Zahlen
- Kapitel 7.3: Einfache Terme zu Addition und Subtraktion ganzer Zahlen
- Kapitel 8.3: Einfache Terme zu Multiplikation und Division ganzer Zahlen

Lösung

1. a) 3 Minuten,

a	–2	–5	3
b	6	–4	–5
a – b	**–8**	**–1**	**8**
|a| – |b|	**–4**	**1**	**–2**

3 BE

b) 3 Minuten,

(1) –3 — 1 BE

(2) –32 — 2 BE

c) 1 Minuten,

$9-8-7-6-5-4-3-2-1=9-36=-27$ — 2 BE

2. a) 4 Minuten,

(1) $(12-4\cdot 3)\cdot 18\cdot 6=0\cdot 18\cdot 6=0$ — 1 BE

(2) $24^2\cdot(8\cdot 3-24)=24^2\cdot 0=0$ — 1 BE

(3) $(381:3)\cdot 3=381$ — 1 BE

(4) $0:(125\cdot 8)=0$ — 1 BE

b) 3 Minuten,

(1) $12\cdot 199=12\cdot(200-1)=2\,400-12=2\,388$ — 1 BE

(2) $18\cdot 6+18\cdot 24=18\cdot(6+24)=18\cdot 30=540$ — 1 BE

c) 2 Minuten,

(1) Der Wert des Produkts verneunfacht sich. — 1 BE

(2) Der Wert des Quotienten bleibt gleich. — 1 BE

3. a) 6 Minuten,

(1) $28\cdot 3-3+3\,108:3+3^3:3=84-3+1\,036+9=1\,126$ — 3 BE

(2) $(2\cdot 19^2-18^2):(3^2-2^3)=(722-324):(9-8)=398$ — 3 BE

b) 6 Minuten,

$[(12\cdot 19+14\cdot 8)\cdot 5-80\cdot 15]:25-5\cdot(9+2^3)=$

$=[(228+112)\cdot 5-1\,200]:25-5\cdot(9+8)$ — 1 BE

$=[340\cdot 5-1\,200]:25-5\cdot 17$ — 1 BE

$=500:25-85$ — 1 BE

$=20-85=-65$ — 1 BE

4. a) 6 Minuten,

$[256 \cdot 10^3 : (5 \cdot 10^2) - (13^2 - 5) \cdot 8] : (5 \cdot 10^1) =$

$= [256\,000 : 500 - 164 \cdot 8] : 50$ 2 BE

$= [512 - 1\,312] : 50$ 2 BE

$= -800 : 50 = -16$ 1 BE

b) 6 Minuten,

$[1\,066 - 346) : 12] \cdot [12 \cdot (180 : 45)] =$ 2 BE

$= [720 : 12] \cdot [12 \cdot 4]$ 1 BE

$= 720 \cdot 4$ 1 BE

$= 2\,880$ 1 BE

Die gesuchte Zahl heißt 2 880.

5. 5 Minuten,

Für den ersten Buchstaben hat sie 12 Farben, für den zweiten 11 und für den dritten 10 Farben, d. h. insgesamt hat sie $12 \cdot 11 \cdot 10 = 1\,320$ verschiedene Möglichkeiten. 4 BE

Klassenarbeit 10

1. a) Gib nur das Ergebnis an: 3 BE

(1) $18 \cdot (3 \cdot 18 - 54) \cdot 101 =$

(2) $25 \cdot 28 \cdot 4 =$

(3) $(16^2 - 4^4) : 128 =$

b) Berechne schriftlich: 6 BE

(1) $1\,566 \cdot 5\,003 =$

(2) $2\,548\,800 : 1\,200 =$

c) Wie ändert sich der Wert eines 2 BE

(1) Produkts, wenn man einen Faktor verdoppelt und den anderen halbiert?

(2) Quotienten, wenn man den Dividenden verdoppelt und den Divisor halbiert?

2. a) Berechne: 4 BE

(1) $[9 \cdot 12 - 9 \cdot (72 - 6 \cdot 12)] : 6 - 18 =$

(2) $18^2 - (2 \cdot 88 - 88) \cdot 2 =$

b) Gliedere den folgenden Term mithilfe eines Rechenbaums und bestimme seinen Wert:

$495 : 5 - (28 \cdot 5 - 12) =$ 4 BE

3. a) Gib die Art des Terms an und berechne seinen Wert:

$[2\,895 - (240 \cdot 15 + 576) : 48] : 24 - 9 \cdot 13 =$ 6 BE

b) Fasse die Aufgabe in Worte und berechne dann:

$(236 + 2 \cdot 50) : (288 : 12 - 8) =$ 6 BE

4. a) Welche Aussagen sind wahr (w), welche falsch (f)?
Gib eine kurze Begründung an, wenn | für „teilt" und ∤ für „teilt nicht" steht. 3 BE

(1) $6 \mid a \wedge 3 \mid a \quad \Rightarrow \quad 18 \mid a$

(2) $12 \mid a \quad \Rightarrow \quad 6 \mid a \wedge 2 \mid a$

(3) $a \mid b \wedge b \nmid c \quad \Rightarrow \quad a \nmid c$

b) Ergänze zu einer wahren Aussage: 2 BE

(1) $3|9 \wedge 9|18 \Rightarrow$

(2) $T_{12} \subseteq T_6 \quad \Rightarrow$

5. In einem Pfeildiagramm wird das Alter der Kinder Andreas (A), Barbara (B), Daniela (D) und Florian (F) dargestellt, wobei die Pfeile bedeuten „ist älter als“. Gib die ansteigende Altersabfolge der Kinder an. 4 BE

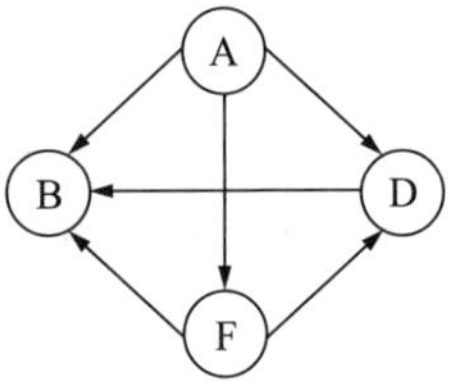

Hinweise und Tipps

1. a) Beachte die Besonderheiten der Multiplikation und Division ganzer Zahlen.

b) Führe die Multiplikation und die Division wie im Unterricht aus.

c) Veränderung der einzelnen Glieder von Produkt und Quotient beachten.

2. a) Punktrechnung geht vor Strichrechnung, auch in Klammern. Rechne zuerst die runde, dann die eckige Klammer aus.

b) Erstelle den Rechenbaum so, dass du mit dem Subtrahenden rechts beginnst. Rechne den Term unter Beachtung von Punktrechnung vor Strichrechnung aus.

3. a) Erkenne die Termart Differenz. Führe dann die Punktberechnungen zuerst in den runden Klammern, dann in der eckigen Klammer aus. Vereinfache den Term Schritt für Schritt.

b) Formuliere die Aufgabe in Worten, berechne dann die Klammern und schließlich den Quotienten.

4. a) Wende die Gesetze der Teilbarkeit an. Suche bei (1) und (3) ein Gegenbeispiel.

b) Ziehe aus den Gesetzen der Teilbarkeit Folgerungen.

5. Lies das Diagramm mit A beginnend und schreibe deine Beobachtungen auf. Beachte, dass die Reihenfolge von jung nach alt verlangt ist.

Vertiefende Hinweise zum Lösen der Aufgaben findest du in
Training Mathematik, 5. Klasse (Buch-Nr.: 90005)
- Kapitel 5.4: Teilbarkeitsregeln
- Kapitel 5.6: Verbindung der vier Grundrechenarten: Punkt-vor-Strich-Regel und Distributivgesetz
- Kapitel 5.7: Terme, Rechenbäume, Gleichungen und Ungleichungen
- Kapitel 7.3: Einfache Terme zu Addition und Subtraktion ganzer Zahlen
- Kapitel 8.3: Einfache Terme zu Multiplikation und Division ganzer Zahlen

Lösung

1. a) 2 Minuten,

(1) $18 \cdot (3 \cdot 18 - 54) \cdot 101 = 18 \cdot 0 \cdot 101 = 0$ 1 BE

(2) $25 \cdot 28 \cdot 4 = 100 \cdot 28 = 2\,800$ 1 BE

(3) $(16^2 - 4^4) : 128 = 0 : 128 = 0$ 1 BE

b) 6 Minuten,

(1) 3 BE

$$\begin{array}{r} 1\,566 \cdot 5\,003 \\ \hline 7\,830\,000 \\ 4\,698 \\ \hline 7\,834\,698 \end{array}$$

(2) 3 BE

$$2\,548\,800 : 1\,200 =$$

$$\begin{array}{l} 25\,488 : 12 = 2\,124 \\ \underline{-24} \\ \quad 14 \\ \quad \underline{-12} \\ \quad\;\; 28 \\ \quad\;\; \underline{-24} \\ \quad\quad 48 \\ \quad\quad \underline{-48} \\ \quad\quad\;\; - \end{array}$$

c) 2 Minuten,

(1) Der Wert des Produkts ändert sich nicht. 1 BE

(2) Der Wert des Quotienten vervierfacht sich. 1 BE

2. a) 4 Minuten, /

(1) $[9 \cdot 12 - 9 \cdot (72 - 6 \cdot 12)] : 6 - 18 =$

$= [108 - 9 \cdot 0] : 6 - 18$ 1 BE

$= 18 - 18 = 0$ 1 BE

(2) $18^2 - (2 \cdot 88 - 88) \cdot 2 =$

$= 324 - 88 \cdot 2$ 1 BE

$= 324 - 176 = 148$ 1 BE

b) 6 Minuten, / 2 BE

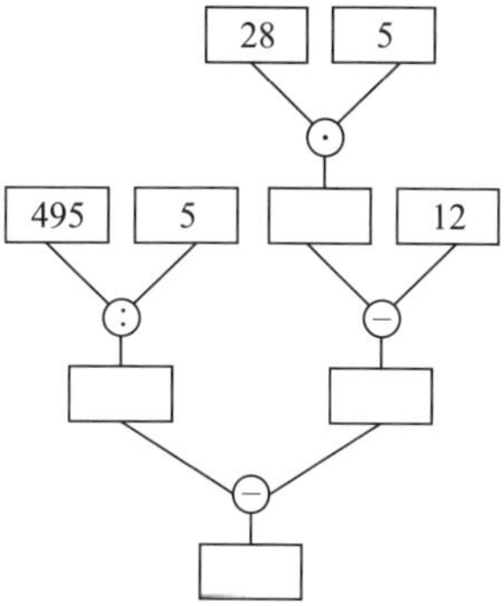

$495 : 5 - (28 \cdot 5 - 12) =$
$= 99 - 128$
$= -29$ 2 BE

3. a) 7 Minuten,
Der Term ist eine Differenz. 1 BE
$[2\,895 - (240 \cdot 15 + 576) : 48] : 24 - 9 \cdot 13 =$
$= [2\,895 - (3\,600 + 576) : 48] : 24 - 117$ 1 BE
$= [2\,895 - 4\,176 : 48] : 24 - 117$ 1 BE
$= [2\,895 - 87] : 24 - 117$ 1 BE
$= 2\,808 : 24 - 117$ 1 BE
$= 117 - 117 = 0$ 1 BE

b) 6 Minuten,
Dividiere die Summe aus der Zahl 236 und dem Produkt aus den Zahlen 2 und 50 durch die Differenz mit dem Quotienten aus 288 und 12 als Minuenden und der Zahl 8 als Subtrahenden. 2 BE
$(236 + 2 \cdot 50) : (288 : 12 - 8)$
$= (236 + 100) : (24 - 8)$ 2 BE
$= 336 : 16$ 1 BE
$= 21$ 1 BE

4. a) 5 Minuten,
Ein Gegenbeispiel reicht aus, um eine Aussage zu widerlegen.
(1) $6 \mid a \wedge 3 \mid a \Rightarrow 18 \mid a$ f. wegen z. B. $a = 12$ 1 BE
6 teilt die 12 und 3 teilt die 12. 18 teilt aber die 12 nicht.
Die Aussage ist daher falsch.

(2) $12 \mid a \Rightarrow 6 \mid a \wedge 2 \mid a$ w., weil 12 die Faktoren 2 und 6 enthält — 1 BE

(3) $a \mid b \wedge b \nmid c \Rightarrow a \nmid c$ f. wegen z. B. $a = 2$, $b = 4$, $c = 6$ — 1 BE
2 teilt die 4 und 4 teilt nicht die 6. Aber die 2 teilt dennoch die 6. Die Aussage ist daher falsch.

b) 2 Minuten,

(1) $3 \mid 9 \wedge 9 \mid 18 \Rightarrow 3 \mid 18$ — 1 BE

(2) $T_{12} \subseteq T_6 \Rightarrow 6 \mid 12$ — 1 BE

5. 5 Minuten, /

Andreas ist älter als Barbara, Daniela und Florian.
Florian ist älter als Barbara und Daniela.
Daniela ist älter als Barbara.
$\Rightarrow$ BDFA — 4 BE

Klassenarbeit 11

1. a) Berechne: 5 BE

(1) $(+5)\cdot(-7) =$

(2) $(-18)^2 =$

(3) $(+17)\cdot(-12)\cdot(+3) =$

(4) $(-11)\cdot(-11)\cdot(+5) =$

(5) $(+2)\cdot(-3)\cdot(-1)\cdot(-45) =$

b) Berechne: 5 BE

(1) $[66-(8\cdot 12+3\cdot 16)]\cdot(4-6)^3 =$

(2) $(-88):(-8)-(-8)-(-9)^4:9^3 =$

2. a) Berechne, falls möglich: 4 BE

(1) $151-18^2:2 =$

(2) $125+206:(14-7\cdot 2) =$

(3) $211\cdot(36-6^2)\cdot 101-1 =$

(4) $(3\cdot 4-72:6):8 =$

b) Neben eine dreistellige Zahl wird die gleiche Zahl nochmals aufgeschrieben. Diese sechsstellige Zahl wird durch die ursprüngliche dreistellige Zahl dividiert. Welches Ergebnis erhält man? 4 BE

3. a) Berechne:

$720:60-[15^2:3+(16\cdot 18-8\cdot 16)]:5-3\cdot 5^2 =$ 4 BE

b) Herr Koch kauft sich eine Küche zum Preis von 6 720 €. Ein Viertel des Preises bezahlt er sofort, den Rest gleichmäßig auf ein Jahr verteilt. Wie viel muss er pro Monat bezahlen? 5 BE

4. a) (1) Berechne den Wert des Terms: 4 BE

$(2^5\cdot 5-6^4:4):4 =$

(2) Welchen Wert hat der Term

$(6^4:4-2^5\cdot 5):(-4)$?

b) Berechne:

$(5\,882-2\,867):(60\,702:302-134) =$ 4 BE

5. Es gilt: $1!=1,\ 2!=1\cdot 2,\ 3!=1\cdot 2\cdot 3,\ 4!=1\cdot 2\cdot 3\cdot 4, \ldots$

Auf welche Ziffer endet die Summe $1!+2!+3!+\ldots+10!$? 5 BE

Hinweise und Tipps

1. a) Beachte die Regeln der Multiplikation ganzer Zahlen.

b) Terme Schritt für Schritt unter Beachtung der Klammer- und Vorzeichenregeln sowie Punktrechnung vor Strichrechnung ausrechnen.

2. a) Beachte die Besonderheiten der Multiplikation und Division ganzer Zahlen.

b) Berechne an einem einfachen Beispiel, z. B. 123 123 : 123.

3. a) Rechne den Term Schritt für Schritt unter Verwendung der Klammerregeln und Punktrechnung vor Strichrechnung aus.

b) Finde den Ansatz $(6\,720 - 6\,720 : 4) : 12$ und rechne ihn aus. Schreibe die Antwort auf.

4. a) Rechne den Termwert unter Beachtung Punktrechnung vor Strichrechnung aus und erkenne, dass der 2. Term den gleichen Wert wie der erste besitzt.

b) Zuerst die Klammern ausrechnen und dann die Division ausführen.

5. 1!, 2!, 3!, 4! und 5! ausrechnen und auf die Endungen von 6! bis 10! schließen. ($1! + 2! + 3! + 4!$ ausrechnen!)

Vertiefende Hinweise zum Lösen der Aufgaben findest du in
Training Mathematik, 5. Klasse (Buch-Nr.: 90005)
- Kapitel 5.6: Verbindung der vier Grundrechenarten: Punkt-vor-Strich-Regel und Distributivgesetz
- Kapitel 5.7: Terme, Rechenbäume, Gleichungen und Ungleichungen
- Kapitel 7.3: Einfache Terme zu Addition und Subtraktion ganzer Zahlen
- Kapitel 8.1: Multiplikation und Vorzeichenregeln
- Kapitel 8.2: Division und Vorzeichenregeln
- Kapitel 8.3: Einfache Terme zu Multiplikation und Division ganzer Zahlen

Lösung

1. a) 5 Minuten,

(1) $(+5)\cdot(-7)=-35$	1 BE
(2) $(-18)^2=+324$	1 BE
(3) $(+17)\cdot(-12)\cdot(+3)=-612$	1 BE
(4) $(-11)\cdot(-11)\cdot(+5)=+605$	1 BE
(5) $(+2)\cdot(-3)\cdot(-1)\cdot(-45)=-270$	1 BE

b) 6 Minuten,

(1) $[66-(8\cdot 12+3\cdot 16)]\cdot(4-6)^3=$	
$=[66-(96+48)]\cdot(-2)^3$	1 BE
$=[66-144]\cdot(-8)$	1 BE
$=(-78)\cdot(-8)=624$	1 BE
(2) $(-88):(-8)-(-8)-(-9)^4:9^3=$	
$=11+8-9^4:9^3$	1 BE
$=11+8-9=10$	1 BE

2. a) 4 Minuten, /

(1) $151-18^2:2=151-162=-11$	1 BE
(2) $125+206:(14-7\cdot 2)=125+206:0$ nicht definiert	1 BE
(3) $211\cdot(36-6^2)\cdot 101-1=211\cdot 0\cdot 101-1=0-1=-1$	1 BE
(4) $(3\cdot 4-72:6):8=0:8=0$	1 BE

b) 5 Minuten, /

z. B. $123\,123:123=1\,001$ 3 BE

```
123 123 : 123 = 1 001
−123
   1
   12
   123
  −123
   —
```

Allgemeine Lösung:

```
abc abc : abc = 1 001
−abc
   a
   ab
   abc
  −abc
   —
```

Der Wert des Quotienten beträgt 1 001. 1 BE

3. a) 5 Minuten,

$720:60-[15^2:3+(16\cdot 18-8\cdot 16)]:5-3\cdot 5^2=$

$=12-[225:3+16\cdot 10]:5-3\cdot 25$ 1 BE

$=12-[75+160]:5-75$ 1 BE

$=12-235:5-75$ 1 BE

$=12-47-75=-110$ 1 BE

b) 5 Minuten,

$(6\,720-6\,720:4):12=$ 2 BE

$=(6\,720-1\,680):12$ 1 BE

$=5\,040:12$ 1 BE

$=420$ 1 BE

Er muss monatlich 420 € bezahlen.

4. a) 4 Minuten, /

(1) $(2^5\cdot 5-6^4:4):4=$

$=(32\cdot 5-1\,296:4):4$ 1 BE

$=(160-324):4$ 1 BE

$=-164:4=-41$ 1 BE

(2) Der Wert des Terms bleibt gleich, weil sich sowohl im Dividenden als auch im Divisor nur jeweils das Vorzeichen ändert. 1 BE

b) 5 Minuten,

$(5\,882-2\,867):(60\,702:302-134)=$

$=3\,015:(201-134)$ 2 BE

$=3\,015:67$ 1 BE

$=45$ 1 BE

5. 6 Minuten,

$5!=1\cdot 2\cdot 3\cdot 4\cdot 5=120 \quad\Rightarrow\quad 6!, 7!, 8!, 9!$ und $10!$ enden auf 0, d. h. die Endung der Summe wird durch $1!+2!+3!+4!=1+2+6+24=33$ bestimmt.

$\Rightarrow$ Die Summe $1!+2!+\ldots+10!$ endet auf 3. 5 BE

Klassenarbeit 12

1. a) Berechne: 4 BE

(1) $[(+4)\cdot(-3)]\cdot(-6)=$

(2) $(-3)^4-3^4=$

(3) $(-2)^5:(-2)^3=$

(4) $(-1)\cdot(-2)\cdot(-3)\cdot(-4)=$

b) Berechne:

(1) $(-2)^3\cdot(-3)^2-[(-6)\cdot(-8)-24]:(-2)=$ 5 BE

(2) $[48-(36-5\cdot 12)]:(-3)+666:(333-444)=$

c) Stellt die Ungleichung $28\cdot 0>16\cdot 0$ eine wahre Aussage dar? 1 BE

2. a) Vervollständige: „Eine Summe wird mit einer Zahl multipliziert, …“
Wende dann dieses Gesetz auf die folgenden Ausdrücke an: 4 BE

(1) $26\cdot 102=$

(2) $25\cdot 23+17\cdot 25=$

b) In einer 5. Klasse mit 28 Schülern war das durchschnittliche Gewicht der Schulmappen 3 950 g.
Wie groß wäre das Durchschnittsgewicht gewesen, wenn jeder Schüler in seine Schulmappe noch einen Atlas mit 650 g Gewicht eingepackt hätte? 2 BE

3. a) Berechne:
$6\,060:20-2^5\cdot[3\cdot 19+27-6\cdot(342:18)]-22^2\cdot 2=$ 4 BE

b) Die Summe von vier aufeinander folgenden natürlichen Zahlen beträgt 1 642.
Bestimme die kleinste dieser Zahlen. 4 BE

4. a) Welche ganzen Zahlen kann man jeweils für x einsetzen, sodass eine wahre Aussage entsteht? 7 BE

(1) $(6+x)\cdot(2^4-2\cdot x)=0$

(2) $10^{x+2}=1\,000\,000$

b) Der Mittelwert von zwei Zahlen, von denen eine um 16 größer ist als die andere, beträgt 81.
Bestimme die beiden Zahlen. 2 BE

c) Welche natürliche Zahl $n < 400$ hat bei der Division durch die ersten vier Primzahlen jeweils den Rest 1? 3 BE

5. Wenn man die Ziffern einer zweistelligen Zahl mit der Quersumme 10 vertauscht, so erhält man das um 2 verminderte Dreifache der ursprünglichen Zahl.
Wie heißt diese Zahl? 4 BE

Hinweise und Tipps

1. a) Wende die Regeln der Multiplikation und Division ganzer Zahlen an. Beachte das Vorzeichen.

b) Rechne den Term der Reihe nach unter Beachtung der Klammer- und Vorzeichenregeln aus. Beachte zudem die Regel Punktrechnung vor Strichrechnung.

c) Rechne beide Produkte aus und vergleiche die Ergebnisse.

2. a) Formuliere das Distributivgesetz für eine Summe in Worten und wende es zweimal an.

b) Gesamtgewicht nicht nötig. Addiere nur die Durchschnittsgewichte.

3. a) Term der Reihe nach unter Verwendung der Klammer- und Vorzeichenregeln und unter Berücksichtigung von Punktrechnung vor Strichrechnung ausrechnen.

b) Überlege, wodurch sich vier aufeinanderfolgende Zahlen unterscheiden.

4. a) Ein Produkt hat nur dann den Wert 0, wenn wenigstens ein Faktor 0 ist. Schreibe die rechte Seite als Zehnerpotenz. Zehnerpotenzen mit gleicher Grundzahl sind gleich, wenn die Hochzahlen gleich sind.

b) Beachte die Entstehung des Mittelwerts.

c) Die gesuchte Zahl ist das um 1 vermehrte Produkt dieser Zahlen.

5. Suche die passenden zweistelligen Zahlen mit der Quersumme 10. Überprüfe dann die Bedingung.

Vertiefende Hinweise zum Lösen der Aufgaben findest du in
Training Mathematik, 5. Klasse (Buch-Nr.: 90005)

- Kapitel 5.6: Verbindung der vier Grundrechenarten: Punkt-vor-Strich-Regel und Distributivgesetz
- Kapitel 5.7: Terme, Rechenbäume, Gleichungen und Ungleichungen
- Kapitel 7.3: Einfache Terme zu Addition und Subtraktion ganzer Zahlen
- Kapitel 8.1: Multiplikation und Vorzeichenregeln
- Kapitel 8.2: Division und Vorzeichenregeln
- Kapitel 8.3: Einfache Terme zu Multiplikation und Division ganzer Zahlen

Lösung

1. a) 4 Minuten,

(1) $[(+4)\cdot(-3)]:(-6)=(-12):(-6)=2$ 1 BE

(2) $(-3)^4-3^4=3^4-3^4=0$ 1 BE

(3) $(-2)^5:(-2)^3=(-32):(-8)=4$ 1 BE

(4) $(-1)\cdot(-2)\cdot(-3)\cdot(-4)=24$ 1 BE

b) 6 Minuten, /

(1) $(-2)^3\cdot(-3)^2-[(-6)\cdot(-8)-24]:(-2)=$

$=(-8)\cdot 9-[48-24]:(-2)$ 1 BE

$=-72+12=-60$ 1 BE

(2) $[48-(36-5\cdot 12)]:(-3)+666:(333-444)=$

$=[48-(36-60)]:(-3)+666:(-111)$ 1 BE

$=[48+24]:(-3)-6$ 1 BE

$=-24-6=-30$ 1 BE

c) 1 Minute,

$28\cdot 0>16\cdot 0$ ist falsch, weil $28\cdot 0=0$ und $16\cdot 0=0$ gilt und $0>0$ falsch ist. 1 BE

2. a) 5 Minuten,

Eine Summe wird mit einer Zahl multipliziert, indem man jeden Summanden mit der Zahl multipliziert und die Ergebnisse addiert. 2 BE

(1) $26\cdot 102=26\cdot(100+2)=2\,600+52=2\,652$ 1 BE

(2) $25\cdot 23+17\cdot 25=25\cdot(23+17)=25\cdot 40=1\,000$ 1 BE

b) 3 Minuten,

Das durchschnittliche Gewicht wächst um 650 g, d. h. es würde $3\,950\text{ g}+650\text{ g}=4\,600\text{ g}$ betragen. 2 BE

3. a) 5 Minuten,

$6\,060:20-2^5\cdot[3\cdot 19+27-6\cdot(342:18)]-22^2\cdot 2=$

$=303-32\cdot[57+27-6\cdot 19]-484:2$ 1 BE

$=303-32\cdot[57+27-114]-242$ 1 BE

$=303-32\cdot(-30)-242$ 1 BE

$=303+960-242=1\,021$ 1 BE

b) 5 Minuten,
Da sich vier aufeinanderfolgende Zahlen um 1, 2, 3 unterscheiden, gilt für die kleinste Zahl: $(1\,642-1-2-3):4=1\,636:4=409$.
Die kleinste Zahl ist 409, die anderen sind 410, 411, 412. 4 BE

4. a) 6 Minuten,
(1) $(6+x)\cdot(2^4-2\cdot x)=0$
Es muss $6+x=0$ oder $2^4-2\cdot x=0$ gelten, d. h. $6+x=0$ für 2 BE
$x=-6$ und $16-2\cdot x=0$ für $x=8$. 2 BE
Die gesuchten Zahlen sind -6 und 8.
(2) $10^{x+2}=1\,000\,000$
$10^{x+2}=10^6$ 1 BE
Die beiden Ausdrücke sind gleich, wenn die Hochzahlen gleich sind, d. h. es muss $x+2=6$ gelten. Beim Einsetzen von 1 BE
$x=4$ ergibt sich eine wahre Aussage. 1 BE

b) 3 Minuten,
Die Differenz 16 wird halbiert, d. h. es wird vom Mittelwert 8 nach oben bzw. nach unten gezählt. Die gesuchten Zahlen sind 73 und 89. 2 BE

c) 2 Minuten,
Gesucht ist die Zahl $2\cdot3\cdot5\cdot7+1=211$. 3 BE

5. 5 Minuten,
Zahl ab mit $a+b=10$. Infrage kommen die Zahlen 19, 28, 37, 46.
$91=3\cdot19-2$ f.
$82=3\cdot28-2$ w.
$73=3\cdot37-2$ f.
$64=3\cdot46-2$ f.
Die Zahl 28 erfüllt die Bedingung. 4 BE

Klassenarbeit 13

1. a) Berechne geschickt: 3 BE

(1) $18 \cdot 16 - 28 \cdot 16 =$

(2) $44 \cdot 299 =$

(3) $22 \cdot 501 =$

b) Berechne:

$[(2 \cdot (-15^2) - (-12)^2] : (4^2 - (-5)^2) =$ 4 BE

2. a) Welche ganzen Zahlen kann man jeweils für x einsetzen, sodass eine wahre Aussage entsteht? 4 BE

(1) $(240 - x) : 20 = 1$

(2) $(-30 + 12 + x) : 100 = 0$

(3) $18 \cdot (-4 \cdot 2 - x) = 0$

b) Durch welche Zahl muss man die Summe aus dem Quadrat von 12 und dem Vierfachen von 61 dividieren, um die Differenz aus dem Quadrat von 14 und der Zahl 99 zu erhalten? 4 BE

3. a) Berechne:

$10^4 + [(15 \cdot 6^2 - 12^2 \cdot 5) : 45 - 96] \cdot 11^2 =$ 5 BE

b) Ein Fernsehturm ist 204 m hoch. Der Antennenträger aus Metall ist 62 m kürzer als der Betonsockel.
Welche Längen haben Antennenträger und Betonsockel? 3 BE

c) Welche geraden Zahlen zwischen 20 und 50 sind weder durch 3 noch durch 4 teilbar? 2 BE

4. a) Welche Zahlen teilen die 72 und sind Vielfache von 9? 2 BE

b) $y = 2^3 \cdot 3^2 \cdot 5^4 \cdot 7 \cdot 11$, $z = 2^2 \cdot 3 \cdot 5^3 \cdot 11$
Bestimme den Quotienten y : z, ohne die Zahlen y und z auszurechnen. 1 BE

c) Überprüfe, ob 299 eine Primzahl ist. 4 BE

d) Schreibe 588 als ein Produkt von Primfaktoren. 2 BE

5. In den drei Anzeigenfeldern eines Glücksspielautomaten können jeweils die Ziffern 1, 2, 3, 4 auftreten. Zusammen bilden sie eine dreistellige Zahl (siehe Skizze).

1	4	1

a) Wie viele verschiedene Zahlen sind möglich? 2 BE

b) Bei dem Glücksspielautomaten gewinnt man, wenn mindestens zwei Einser zu sehen sind. Wie viele solche Gewinnzahlen gibt es? 4 BE

Hinweise und Tipps

1. a) Wende dreimal das Distributivgesetz an.

b) Termwerte unter Beachtung der Klammern- und Vorzeichenregeln ausrechnen. Beachte: Punktrechnung vor Strichrechnung.

2. a) Löse die Aussagen durch deine Kenntnisse der Besonderheiten der Multiplikation und Division ganzer Zahlen und beachte die Produktform mit Wert 0.

b) Ansatz $(12^2 + 4 \cdot 61) : (14^2 - 99)$ finden. Klammern ausrechnen und Division ausführen.

3. a) Termwert unter Beachtung von Klammern- und Vorzeichenregeln und Punktrechnung vor Strichrechnung ausrechnen.

b) Beachte, wie die Gesamthöhe entsteht.

c) Schreibe alle gesuchten Zahlen zwischen 20 und 50 auf und streiche die durch 3 oder 4 teilbaren Zahlen durch.

4. a) Vergleiche die Teilermenge T_{72} und die Vielfachmenge V_9.

b) Führe die Division der einzelnen Faktoren aus.

c) Überprüfe die Teilbarkeit der Reihe nach. Bei 13 wirst du „fündig".

d) Führe die Primfaktorenzerlegung wie im Unterricht aus.

5. a) Multipliziere die Anzahlen der möglichen Zahlen in den Feldern.

b) Schreibe die zehn Gewinnzahlen auf.

Vertiefende Hinweise zum Lösen der Aufgaben findest du in
Training Mathematik, 5. Klasse (Buch-Nr.: 90005)

- Kapitel 5.4: Teilbarkeitsregeln
- Kapitel 5.5: Primzahlen und Primfaktorzerlegung
- Kapitel 5.6: Verbindung der vier Grundrechenarten: Punkt-vor-Strich-Regel und Distributivgesetz
- Kapitel 5.7: Terme, Rechenbäume, Gleichungen und Ungleichungen
- Kapitel 5.8: Zählprinzip und Baumdiagramm
- Kapitel 8.1: Multiplikation und Vorzeichenregeln
- Kapitel 8.2: Division und Vorzeichenregeln
- Kapitel 8.3: Einfache Terme zu Multiplikation und Division ganzer Zahlen

Lösung

1. a) 3 Minuten

(1) $18 \cdot 16 - 28 \cdot 16 = (18 - 28) \cdot 16 = (-10) \cdot 16 = -160$ 1 BE

(2) $44 \cdot 299 = 44 \cdot (300 - 1) = 13\,200 - 44 = 13\,156$ 1 BE

(3) $22 \cdot 501 = 22 \cdot (500 + 1) = 11\,000 + 22 = 11\,022$ 1 BE

b) 4 Minuten

$[2 \cdot (-15^2) - (-12)^2] : (4^2 - (-5)^2) =$

$= [2 \cdot (-225) - 144] : (16 - 25)$ 1 BE

$= [-450 - 144] : (-9)$ 1 BE

$= (-594) : (-9)$ 1 BE

$= 66$ 1 BE

2. a) 5 Minuten

(1) Der Quotient hat den Wert 1, wenn Dividend und Divisor gleich sind, d. h. wenn $240 - x = 20$ ist $\Rightarrow$ $x = 220$ 1 BE

(2) Der Quotient hat den Wert 0, wenn der Dividend den Wert 0 hat, d. h. wenn $-30 + 12 + x = 0$ gilt $\Rightarrow$ $x = 18$ 1 BE

(3) Ein Produkt hat den Wert 0, wenn mindestens ein Faktor den Wert 0 hat, d. h. $-4 \cdot 2 - x = 0$ $\Rightarrow$ $x = -8$ 2 BE

b) 4 Minuten

$(12^2 + 4 \cdot 61) : (14^2 - 99) =$ 1 BE

$= (144 + 244) : (196 - 99)$ 1 BE

$= 388 : 97$ 1 BE

$= 4$ 1 BE

Die gesuchte Zahl heißt 4.

3. a) 6 Minuten

$10^4 + [(15 \cdot 6^2 - 12^2 \cdot 5) : 45 - 96] \cdot 11^2 =$

$= 10\,000 + [(540 - 720) : 45 - 96] \cdot 121$ 1 BE

$= 10\,000 + [(-180) : 45 - 96] \cdot 121$ 1 BE

$= 10\,000 + [-100] \cdot 121$ 1 BE

$= 10\,000 - 12\,100$ 1 BE

$= -2\,100$ 1 BE

b) 3 Minuten

$(204 - 62) : 2 = 142 : 2 = 71$ 2 BE

$\Rightarrow$ Der Antennenträger ist 71 m hoch, der Betonsockel 133 m. 1 BE

c) 2 Minuten,
22, 26, 34, 38, 46 2 BE

4. a) 2 Minuten,
$T_{72} = \{1, 2, 3, 4, 6, 8, 9, 12, 18, 24, 36, 72\}$
$V_9 = \{9, 18, 27, 36, \ldots\}$
$\Rightarrow \quad T_{72} \cap V_9 = \{9, 18, 36\}$ 2 BE

b) 2 Minuten,
$y : z = (2^3 \cdot 3^2 \cdot 5^4 \cdot 7 \cdot 11) : (2^2 \cdot 3 \cdot 5^3 \cdot 11) = 2 \cdot 3 \cdot 5 \cdot 7 = 210$ 1 BE

c) 5 Minuten,
$2 \nmid 299$, weil 299 ungerade
$3 \nmid 299$, weil Quersumme $(299) = 20 \notin V_3$ 1 BE
$5 \nmid 299$, weil letzte Ziffer nicht 0 oder 5
$7 \nmid 299$, weil $42 \cdot 7 = 294$ und $43 \cdot 7 = 301$ 1 BE
$11 \nmid 299$, weil $27 \cdot 11 = 297$ und $28 \cdot 11 = 308$ 1 BE
$13 \mid 299$, weil $299 : 13 = 23$ 1 BE
$\Rightarrow$ 299 ist keine Primzahl.

d) 2 Minuten,
$2 \mid 588$
$2 \mid 294$
$3 \mid 147 \quad \Rightarrow \quad 588 = 2^2 \cdot 3 \cdot 7^2$
$7 \mid 49$
$7 \mid 7$
2 BE

5. a) 2 Minuten,
In jedem Feld können vier Zahlen stehen, d. h. es gibt
$4 \cdot 4 \cdot 4 = 4^3 = 64$ verschiedene Zahlen. 2 BE

b) 5 Minuten,
1 1 • $\Rightarrow$ 3 Möglichkeiten
1 • 1 $\Rightarrow$ 3 Möglichkeiten
• 1 1 $\Rightarrow$ 3 Möglichkeiten
1 1 1 $\Rightarrow$ 1 Möglichkeit
Es gibt insgesamt 10 Gewinnzahlen. 4 BE

Klassenarbeiten zum Themenbereich 4: Größen und ihre Einheiten; Sachaufgaben

Klassenarbeit 14

1. a) Welche Ziffern kann man für * einsetzen, damit eine wahre Aussage entsteht? 4 BE

(1) $3 \mid 70{*}43$

(2) $4 \mid 43501{*}4$

(3) $6 \mid 123456{*}$

(4) $9 \mid 6{*}1245$

b) Berechne:

$[2 \cdot (-14^2) - (-13)^2] : (-3^2 + 2^3) =$ 3 BE

c) Wie kann man drei ganze Zahlen miteinander multiplizieren, sodass das Produkt kleiner wird als jede dieser Zahlen? 3 BE

2. a) Schreibe in der in der Klammer angegebenen Einheit: 4 BE

(1) 6,18 m (in mm)

(2) 9 kg 3 g (in g)

(3) 1 h 10 min (in s)

(4) 20,6 cm (in m)

b) Ein Kaufmann hat an fünf aufeinanderfolgenden Tagen die Einnahmen 14 385 €, 12 498 €, 15 618 €, 13 716 € und 14 698 €. Wie hoch waren die durchschnittlichen Einnahmen pro Tag? 2 BE

3. a) Christian und Leonie planen eine eintägige Radtour. Leonie schlägt eine Rundfahrt vor, die auf ihrer Karte im Maßstab 1 : 150 000 eine Länge von 44 cm hat.
Wie lang (in km) ist diese Strecke in Wirklichkeit? 2 BE

b) Christian mag nicht so weit fahren. Er will bis zum Abend höchstens 45 km zurücklegen.
Wie viele cm ist ein solcher Kurs auf der obigen Karte lang? 3 BE

c) In einer anderen Karte ist die Strecke aus Teilaufgabe a nur 13,2 cm lang.
Welcher Maßstab ist in dieser Karte verwendet worden? 3 BE

4. a) Frau Meier kauft einen neuen Wohnzimmerschrank zu 6 752 €. Die Hälfte des Preises bezahlt sie in bar, den Rest des Kaufpreises in acht gleich großen Monatsraten.
Bestimme mithilfe eines Gesamtansatzes, wie viel sie pro Monat bezahlen muss. 5 BE

b) Von den 1,7 t Kartoffeln, die ein Gemüsegroßhändler erwirbt, ist ein Viertel verdorben. Den Rest füllt er in 25-kg-Säcke ab, die er mit einem Gabelstapler auflädt.
Wie oft muss er mit dem Gabelstapler fahren, wenn er damit acht Säcke transportieren kann? 5 BE

5. a) Einhunderttausend Sekunden sind mehr oder weniger als ein Tag? Berechne! 2 BE

b) Johannes lebt seit 22 Jahren, 22 Monaten, 22 Wochen und 22 Tagen.
Wie alt ist Johannes (in Jahren)? 4 BE

Hinweise und Tipps

1. a) Teilbarkeitsregeln anwenden.

b) Rechne die Potenzen vorzeichenrichtig aus, fasse zusammen und rechne den Quotienten aus.

c) Überlege, wann eine Zahl auf der Zahlengeraden kleiner ist als eine andere. Probiere mit ein, zwei oder drei negativen Faktoren.

2. a) Wende die Maße und ihre Umrechnungszahlen richtig an.

b) Dividiere die Gesamtsumme der Einkünfte durch 5.

3. a) Multipliziere die Länge mit dem Maßstab.

b) Dividiere die Länge durch den Maßstab.

c) Bringe den Quotienten der Längen in die Form 1 : x.

4. a) Finde den Ansatz (6 752 – 6 752 : 2) : 8 und rechne ihn aus.

b) Ansatz [(1 700 – 1 700 : 4) : 25] : 8 finden und ausrechnen.

5. a) Rechne die Anzahl der Sekunden pro Tag aus.

b) Schließe aus Tagen, Wochen, Monaten auf (volle) Jahre.

Vertiefende Hinweise zum Lösen der Aufgaben findest du in
Training Mathematik, 5. Klasse (Buch-Nr.: 90005)

- Kapitel 5.7: Terme, Rechenbäume, Gleichungen und Ungleichungen
- Kapitel 8.3: Einfache Terme zu Multiplikation und Division ganzer Zahlen
- Kapitel 9.1: Messen und Längeneinheiten
- Kapitel 9.2: Maße des Gewichts (der Masse)
- Kapitel 9.4: Geldmaße
- Kapitel 9.5: Zeitmaße
- Kapitel 9.7: Mittelwerte
- Kapitel 10.1: Allgemeines
- Kapitel 10.2: Einkauf, Verkauf
- Kapitel 10.5: Entfernung und Maßstab

Lösung

1. a) 4 Minuten,

(1) $3 \mid 70{*}43 \Rightarrow {*} \in \{1, 4, 7\}$ — 1 BE

(2) $4 \mid 43501{*}4 \Rightarrow {*} \in \{0, 2, 4, 6, 8\}$ — 1 BE

(3) $6 \mid 123456{*} \Rightarrow {*} \in \{0, 6\}$ — 1 BE

(4) $9 \mid 6{*}1245 \Rightarrow {*} \in \{0, 9\}$ — 1 BE

b) 4 Minuten,

$[2 \cdot (-14^2) - (-13)^2] : (-3^2 + 2^3) =$

$= [2 \cdot (-196) - 169] : (-9 + 8)$ — 1 BE

$= [-392 - 169] : (-1)$ — 1 BE

$= [-561] : (-1) = 561$ — 1 BE

c) 3 Minuten,

Eine Zahl negativ, z. B. $(-2) \cdot 3 \cdot 4 = -24 \wedge -24 < -2 < 3 < 4$ — 3 BE

Drei Zahlen negativ, z. B.

$(-2) \cdot (-3) \cdot (-4) = -24 \wedge -24 < -4 < -3 < -2$

2. a) 4 Minuten,

(1) 6,18 m = 6 180 mm — 1 BE

(2) 9 kg 3 g = 9 003 g — 1 BE

(3) 1 h 10 min = $70 \cdot 60$ s = 4 200 s — 1 BE

(4) 20,6 cm = 0,206 m — 1 BE

b) 4 Minuten,

(14 385 + 12 498 + 15 618 + 13 716 + 14 698) € : 5 = — 1 BE

= 70 915 € : 5 = 14 183 € — 1 BE

Die durchschnittliche Tageseinnahme betrug 14 183 €.

3. a) 2 Minuten,

44 cm $\cdot$ 150 000 = 6 600 000 cm = 66 km — 2 BE

Die Strecke ist in Wirklichkeit 66 km lang.

b) 3 Minuten,

4 500 000 cm : 150 000 = 30 cm — 3 BE

Ein solcher Kurs ist auf der Karte 30 cm lang.

c) 4 Minuten,

13,2 : 6 600 000 = 132 : 66 000 000 = 1 : 500 000 — 3 BE

Der Maßstab beträgt 1 : 500 000.

4. a) 4 Minuten, /

$(6\,752\text{ €} - 6\,752\text{ €} : 2) : 8 = (6\,752\text{ €} - 3376\text{ €}) : 8 =$ 3 BE

$= 3\,376\text{ €} : 8 = 422\text{ €}$ 2 BE

Sie muss monatlich 422 € zahlen.

b) 6 Minuten,

$[(1\,700 - 1\,700 : 4) : 25] : 8 =$ 2 BE

$= [(1\,700 - 425) : 25] : 8 =$ 1 BE

$= [1\,275 : 25] : 8$ 1 BE

$= 51 : 8 = 6$ Rest 3 1 BE

Der Gabelstapler muss mindestens siebenmal fahren.

5. a) 2 Minuten,

1 Tag $= 24 \cdot 60 \cdot 60\text{ s} = 86\,400\text{ s} < 100\,000\text{ s}$ 2 BE

Einhundertausend Sekunden sind mehr als ein Tag.

b) 5 Minuten,

22 Tage = 3 Wochen und 1 Tag

22 Tage < 1 Monat 1 BE

22 Wochen = 5 Monate + 2 Wochen

22 Monate + 5 Monate (von 22 Wochen) = 27 Monate

= 2 Jahre + 3 Monate

22 Jahre + 2 Jahre = 24 Jahre 2 BE

Johannes ist 24 Jahre alt. 1 BE

Klassenarbeit 15

1. a) Schreibe in — 4 BE
(1) gemischten Einheiten: 53,00288 t
(2) kg: 4 t 360 g
(3) s: 12 min
(4) cm: 1 km 5 m 18 cm

b) Berechne und gib das Ergebnis in gemischten Einheiten an: — 6 BE
(1) $28 \text{ min } 12 \text{ s} \cdot 3 - 1 \text{ h } 10 \text{ min } 40 \text{ s} =$
(2) $0{,}08 \text{ t} \cdot 5 + (2{,}5 \text{ kg} \cdot 6 + 9 \text{ kg}) : 3 =$

2. a) Berechne und gib das Ergebnis mit möglichst kleinen ganzen Maßzahlen an: — 6 BE
(1) $(22 \text{ cm} \cdot 5 - 2{,}4 \text{ dm} + 1{,}2 \text{ m} : 3) : 4 =$
(2) $(50 \text{ kg} + 0{,}5 \text{ t}) : 2 \text{ kg} =$

b) Der durchschnittliche Verkaufspreis von fünf Fahrrädern lag bei 600 €. Nachdem ein Mountainbike verkauft wurde, betrug der durchschnittliche Preis der restlichen vier Fahrräder noch 500 €. Wie teuer war das Mountainbike? — 4 BE

3. Christine und Lisa machen eine Radtour. Nach 2 h 30 min legen sie für 45 min eine Rast ein. Bis zum Ziel vergehen nach der Rast nochmals 1 h 50 min.

a) Wann sind sie morgens losgefahren, wenn sie um 13.25 Uhr am Ziel ankommen? — 3 BE

b) Vom Rastplatz bis zum Zielort legen sie pro Minute durchschnittlich 320 m zurück.
Welche Entfernung haben sie vom Rastplatz bis zum Ziel zurückgelegt? — 2 BE

4. a) Eine Safthändlerin kauft von einem Hersteller 30 Kisten Apfelsaft, deren Gesamtgewicht 1 t 590 kg beträgt.
Wie schwer ist eine Kiste? — 2 BE

b) Eine leere Kiste wiegt 3 kg, eine Flasche Apfelsaft 1,25 kg.
Berechne die Anzahl der Flaschen pro Kiste. — 2 BE

c) Für eine Flasche Apfelsaft zahlt die Händlerin beim Hersteller 4,50 €. Die Transportkosten betragen insgesamt 360 €. Zu welchem Preis muss die Händlerin eine Flasche aus dieser Lieferung verkaufen, wenn ihr Gewinn den 4. Teil ihrer Gesamtkosten betragen soll? 7 BE
(Volle Punktzahl wird nur mit einem Gesamtansatz erreicht!)

5. Bei einem Kongress sprechen von den 40 Teilnehmern 36 die Konferenzsprache Englisch, 30 Spanisch und 24 Französisch. Welches ist die Mindestzahl der Personen, die alle drei Konferenzsprachen sprechen? 4 BE

Hinweise und Tipps

1. a) Wende die Maße und ihre Umwandlungszahlen richtig an.

b) Rechne in Minuten und Sekunden bzw. in Kilogramm.

2. a) Berechne die Teilung in Millimeter, die Messung in Kilogramm.

b) Schließe aus den Durchschnittspreisen auf den jeweiligen Gesamtpreis und bilde die Differenz.

3. a) Rechne in Stunden und Minuten.

b) Den Weg zuerst in Meter ausrechnen.

4. a) Dividiere das Gesamtgewicht in Kilogramm durch 30.

b) Wandle die Gewichte in Gramm um.

c) Gesamtansatz $[(1\,200 \cdot 4{,}5\text{ €} + 360\text{ €}) + (1\,200 \cdot 4{,}5\text{ €} + 360\text{ €}) : 4] : 1\,200$ finden und ausrechnen.

5. Bestimme die Anzahlen der Personen, die kein Spanisch und die kein Französisch sprechen. Beide Anzahlen von den Englisch sprechenden Personen subtrahieren.

Vertiefende Hinweise zum Lösen der Aufgaben findest du in
Training Mathematik, 5. Klasse (Buch-Nr.: 90005)

- Kapitel 9.1: Messen und Längeneinheiten
- Kapitel 9.2: Maße des Gewichts (der Masse)
- Kapitel 9.5: Zeitmaße
- Kapitel 9.6: Teilen und Messen
- Kapitel 10.1: Allgemeines
- Kapitel 10.2: Einkauf, Verkauf
- Kapitel 10.4: Zeitdauer, Geschwindigkeit, Weg, Verkehr

Lösung

1. a) 4 Minuten,

(1) $53{,}00288\ \text{t} = 53\ \text{t}\ 2\ \text{kg}\ 880\ \text{g}$ — 1 BE

(2) $4\ \text{t}\ 360\ \text{g} = 4\,000{,}360\ \text{kg}$ — 1 BE

(3) $12\ \text{min} = 720\ \text{s}$ — 1 BE

(4) $1\ \text{km}\ 5\ \text{m}\ 18\ \text{cm} = 100\,518\ \text{cm}$ — 1 BE

b) 6 Minuten,

(1) $28\ \text{min}\ 12\ \text{s} \cdot 3 - 1\ \text{h}\ 10\ \text{min}\ 40\ \text{s} =$

$= 84\ \text{min}\ 36\ \text{s} - 70\ \text{min}\ 40\ \text{s}$ — 1 BE

$= 83\ \text{min}\ 96\ \text{s} - 70\ \text{min}\ 40\ \text{s}$ — 1 BE

$= 13\ \text{min}\ 56\ \text{s}$ — 1 BE

(2) $0{,}08\ \text{t} \cdot 5 + (2{,}5\ \text{kg} \cdot 6 + 9\ \text{kg}) : 3 =$

$= 80\ \text{kg} \cdot 5 + (15\ \text{kg} + 9\ \text{kg}) : 3$ — 1 BE

$= 400\ \text{kg} + 8\ \text{kg}$ — 1 BE

$= 408\ \text{kg}$ — 1 BE

2. a) 6 Minuten,

(1) $(22\ \text{cm} \cdot 5 - 2{,}4\ \text{dm} + 1{,}2\ \text{m} : 3) : 4 =$ — 1 BE

$= (110\ \text{cm} - 24\ \text{cm} + 40\ \text{cm}) : 4$ — 1 BE

$= 126\ \text{cm} : 4$ — 1 BE

$= 1\,260\ \text{mm} : 4 = 315\ \text{mm}$ — 1 BE

(2) $(50\ \text{kg} + 0{,}5\ \text{t}) : 2\ \text{kg} =$

$= (50\ \text{kg} + 500\ \text{kg}) : 2\ \text{kg}$ — 1 BE

$= 550\ \text{kg} : 2\ \text{kg} = 275$ — 1 BE

b) 4 Minuten,

$5 \cdot 600\ € - 4 \cdot 500\ € = 1\,000\ €$ — 4 BE

Das Mountainbike kostete 1 000 €.

3. a) 4 Minuten,

$2\ \text{h}\ 30\ \text{min} + 45\ \text{min} + 1\ \text{h}\ 50\ \text{min} = 3\ \text{h}\ 125\ \text{min} = 5\ \text{h}\ 5\ \text{min}$ — 1 BE

13.25 Uhr − 5 h 5 min = 08.20 Uhr — 2 BE

Die Abfahrt war um 08.20 Uhr.

b) 2 Minuten,

$1\ \text{h}\ 50\ \text{min} = 110\ \text{min}$

$110 \cdot 320\ \text{m} = 35\,200\ \text{m} = 35{,}200\ \text{km}$ — 2 BE

Sie haben vom Parkplatz bis zum Ziel 35 km 200 m zurückgelegt.

4. a) 2 Minuten,

$1\,\text{t}\;590\,\text{kg} : 30 = 1\,590\,\text{kg} : 30 = 53\,\text{kg}$ 2 BE

Eine Kiste wiegt 53 kg.

b) 3 Minuten,

$(53\,\text{kg} - 3\,\text{kg}) : 1{,}25\,\text{kg} =$

$= 50\,000\,\text{g} : 1\,250\,\text{g} = 40$ 2 BE

In einer Kiste befinden sich 40 Flaschen mit Apfelsaft.

c) 9 Minuten, /

$40 \cdot 30 = 1\,200$ Flaschen gesamt

$[(1\,200 \cdot 4{,}50\,€ + 360\,€) + (1\,200 \cdot 4{,}50\,€ + 360\,€) : 4] : 1\,200 =$ 2 BE

$= [(5\,400\,€ + 360\,€) + (5\,400\,€ + 360\,€) : 4] : 1\,200 =$ 1 BE

$= [5\,760\,€ + 5\,760\,€ : 4] : 1\,200 =$ 1 BE

$= [5\,760\,€ + 1\,440\,€] : 1\,200 =$ 1 BE

$= 7\,200\,€ : 1\,200$ 1 BE

$= 6\,€$ 1 BE

Sie muss eine Flasche Apfelsaft für 6 € verkaufen.

5. 5 Minuten,

Von den Teilnehmern sprechen $40 - 30 = 10$ kein Spanisch, $40 - 24 = 16$ kein Französisch.

Mindestens $36 - 10 - 16 = 10$ Personen sprechen alle drei Sprachen. 4 BE

Klassenarbeit 16

1. a) Schreibe in — 3 BE
(1) gemischten Einheiten: 1 205,06 m
(2) kg: 3 t 60 g
(3) s: 2 min 16 s

b) Berechne und gib das Ergebnis in gemischten Einheiten an: — 5 BE
(1) $(6 \cdot 3{,}5\ \text{kg} - 2 \cdot 0{,}55\ \text{kg}) : 5 =$
(2) $(3\ \text{d} - 6 \cdot 55\ \text{min} - 14\ \text{h}) : 3 =$

2. a) Berechne: — 5 BE
(1) $(8\ \text{km}\ 191\ \text{m} + 5\ \text{km}\ 93\ \text{m}) : 108\ \text{m} =$
(2) $6 \cdot (17\ €\ 40\ \text{Cent} + 28{,}10\ €) =$

b) Lena schlief gestern von abends 20.45 Uhr bis morgens 06.30 Uhr. Heute will sie 1 h 20 min länger schlafen.
Wie lang ist dieser Zeitraum? — 3 BE

3. a) Auf einer Landkarte im Maßstab 1 : 50 000 misst man von Nürnberg nach Fürth eine Entfernung von 18 cm.
Wie viele km sind diese beiden Orte in Wirklichkeit voneinander entfernt? — 2 BE

b) Von Koblenz nach Wiesbaden sind es 100 km.
Wie weit sind diese beiden Orte auf einer Karte im Maßstab 1 : 2 500 000 voneinander entfernt? — 3 BE

c) In welchem Maßstab ist eine Karte angefertigt, wenn eine 10 cm lange Strecke in Wirklichkeit 50 km lang ist? — 3 BE

4. a) In einem Theater gibt es Sperrsitz- und Rangplätze. Bei einer Aufführung blieben von den in fünf Reihen zu je 28 Plätzen angeordneten Rangplätzen vier unbesetzt, von den in acht Reihen zu je 30 Plätzen angeordneten Sperrsitzplätzen blieben 16 unbesetzt.
Wie viel kostete ein Sperrsitzplatz, wenn man für einen Rangplatz 28 € bezahlen musste und die Gesamteinnahmen 8 736 € betrugen? — 6 BE

b) Ein Filmstreifen enthält auf 25 cm Länge 72 Bilder. 5 BE
   (1) Wie viele Bilder enthält der gesamte Streifen, wenn er 60 m lang ist?
   (2) Wie lange dauert die Vorführung des gesamten Streifens, wenn in jeder Sekunde 24 Bilder durch das Vorführgerät laufen?

5. Für einen Vereinsausflug sind bereits 20 € pro Person an Fahrtkosten einbezahlt worden. Durch eine Erhöhung der Buskosten fehlen noch 40 €. Der Vorschlag, dass jede teilnehmende Person noch 2 € zuzahlt, führt dazu, dass 10 € zu viel eingezahlt wurden.
Wie hoch ist der Fahrpreis pro Person? 5 BE

Hinweise und Tipps

1. a) Wende die Maße und ihre Umwandlungszahlen richtig an.

b) Rechne in Gramm bzw. in Minuten.

2. a) Rechne in Meter bzw. in Euro und Cent.

b) Stelle die Dauer von 20.45 Uhr bis 06.30 Uhr fest und addiere 1 Stunde 20 Minuten.

3. a) Multipliziere die Länge auf der Karte mit dem Maßstab. Gib das Ergebnis in Meter oder als gemischte Zahl in Kilometer und Meter an.

b) Länge in Zentimeter umwandeln und durch Maßstab dividieren.

c) Bringe den Quotienten der Längen in die Form 1 : x.

4. a) Rechne in Teilschritten aus.

b) Anzahl der Bilder pro Meter mit der Anzahl der Meter multiplizieren. Anzahl der Bilder durch 24 dividieren.

5. Bestimme erst die Gesamtzahl der Fahrgäste, den Gesamtpreis und dann den Einzelpreis.

Vertiefende Hinweise zum Lösen der Aufgaben findest du in
Training Mathematik, 5. Klasse (Buch-Nr.: 90005)

- Kapitel 9.1: Messen und Längeneinheiten
- Kapitel 9.2: Maße des Gewichts (der Masse)
- Kapitel 9.4: Geldmaße
- Kapitel 9.5: Zeitmaße
- Kapitel 10.1: Allgemeines
- Kapitel 10.2: Einkauf, Verkauf
- Kapitel 10.3: Kosten
- Kapitel 10.4: Zeitdauer, Geschwindigkeit, Weg, Verkehr
- Kapitel 10.5: Entfernung und Maßstab

Lösung

1. a) 3 Minuten,

(1) 1 205,06 m = 1 km 205 m 6 cm — 1 BE

(2) 3 t 60 g = 3 000,060 kg — 1 BE

(3) 2 min 16 s = 136 s — 1 BE

b) 6 Minuten, /

(1) $(6 \cdot 3{,}5\ \text{kg} - 2 \cdot 0{,}55\ \text{kg}) : 5 =$

$= (21\,000\ \text{g} - 1100\ \text{g}) : 5$ — 1 BE

$= 19\,900\ \text{g} : 5 = 3\,980\ \text{g} = 3\ \text{kg}\ 980\ \text{g}$ — 1 BE

(2) $(3\ \text{d} - 6 \cdot 55\ \text{min} - 14\ \text{h}) : 3 =$

$= (72 \cdot 60\ \text{min} - 6 \cdot 55\ \text{min} - 14 \cdot 60\ \text{min}) : 3$ — 1 BE

$= (4\,320\ \text{min} - 330\ \text{min} - 840\ \text{min}) : 3$ — 1 BE

$= 3\,150\ \text{min} : 3 = 1\,050\ \text{min} = 17\ \text{h}\ 30\ \text{min}$ — 1 BE

2. a) 6 Minuten, /

(1) $(8\ \text{km}\ 191\ \text{m} + 5\ \text{km}\ 93\ \text{m}) : 108\ \text{m} =$

$= (8\,191\ \text{m} + 5\,093\ \text{m}) : 108\ \text{m}$ — 1 BE

$= 13\,284\ \text{m} : 108\ \text{m}$ — 1 BE

$= 123$ — 1 BE

(2) $6 \cdot (17\ € \ 40\ \text{Cent} + 28{,}10\ €) =$

$= 6 \cdot 45\ €\ 50\ \text{Cent} = 270\ €\ 300\ \text{Cent}$ — 1 BE

$= 273\ €$ — 1 BE

b) 4 Minuten,

Von 20.45 Uhr bis 6.30 Uhr sind es 9 h 45 min.

9 h 45 min + 1 h 20 min = 10 h 65 min = 11 h 5 min

Lena will 11 h 5 min schlafen. — 3 BE

3. a) 2 Minuten,

$18\ \text{cm} \cdot 50\,000 = 900\,000\ \text{cm} = 9\,000\ \text{m} = 9{,}0\ \text{km}$ — 2 BE

Nürnberg und Fürth sind in Wirklichkeit 9 km voneinander entfernt.

b) 3 Minuten, /

$10\,000\,000\ \text{cm} : 2\,500\,000 = 4\ \text{cm}$ — 3 BE

Koblenz und Wiesbaden sind auf der Karte 4 cm voneinander entfernt.

c) 3 Minuten,
$10 : 5\,000\,000 = 1 : 500\,000$ — 3 BE
Der Maßstab der Karte beträgt 1 : 500 000.

4. a) 8 Minuten,
$5 \cdot 28 = 140$ Rangplätze — 1 BE
$8 \cdot 30 = 240$ Sperrsitzplätze — 1 BE
$28\ € \cdot (140 - 4) = 28\ € \cdot 136 = 3808\ €$ für Rangplätze (gesamt) — 1 BE
$8736\ € - 3808\ € = 4928\ €$ für Sperrsitzplätze (gesamt) — 1 BE
$4928\ € : (240 - 16) = 4928\ € : 224 = 22\ €$ für einen Sperrsitzplatz — 2 BE
Ein Sperrsitzplatz kostete 22 €.

b) 5 Minuten,
(1) $4 \cdot 72 \cdot 60 = 17\,280$ — 3 BE
Der gesamte Streifen enthält 17 280 Bilder.
(2) $(17\,280 : 24)\ \text{s} = 720\ \text{s} = 12\ \text{min}$ — 2 BE
Die Vorführung dauert 12 Minuten.

5. 5 Minuten,

Teilnehmerzahl:	$(40\ € + 10\ €) : 2\ € = 25$ Personen	2 BE
Gesamtkosten:	$25 \cdot 20\ € + 40\ € = 540\ €$	1 BE
Einzelpreis:	$540\ € : 25 = 54\,000\ \text{Cent} : 25$	2 BE
	$= 2\,160\ \text{Cent} = 21{,}60\ €$	

Der Fahrpreis pro Person beträgt 21 € 60 Cent.

Klassenarbeit 17

1. a) Schreibe in der jeweils angegebenen Einheit: 4 BE

(1) in g: 12 kg 1 g

(2) in cm: 12 m 5 cm

(3) in min: 360 s

(4) in ℓ: 10 hℓ 5 ℓ

b) Berechne: 8 BE

(1) $(1\text{ m }12\text{ cm}\cdot 5-3\cdot 1{,}4\text{ m}):3{,}5\text{ cm}=$

(2) $(4{,}50\text{ m}-13\text{ dm}+430\text{ cm}):3=$

(3) $1\text{ h }4\text{ min}:1\text{ min }20\text{ s}=$

(4) $395\text{ t }80\text{ kg}:68=$

2. a) Berechne und gib das Ergebnis als gemischte Zahl an:
$(7{,}2\text{ kg}+450\text{ g}-2\text{ kg }400\text{ g})\cdot 5-18\cdot 1{,}4\text{ kg}=$ 3 BE

b) Ein Lastwagen darf höchstens mit 15 t beladen werden. Er ist bereits mit 14 Paletten mit einem Gewicht von jeweils 540 kg beladen.
Wie viele Paletten mit einem Gewicht von 240 kg dürfen höchstens noch aufgeladen werden? 4 BE

3. Ein Computerhändler kauft 12 Computer für 835 € pro Stück. Nun kommen folgende Kosten hinzu: Die Frachtkosten betragen 563 €, weitere Kosten wie Mietanteil etc. werden zu insgesamt 481 € veranschlagt. Ein Techniker benötigt 3 Stunden, um einen Computer zum Laufen zu bringen. Sein Stundenlohn wird mit 135 € eingerechnet. Aufgrund der Marktlage kann der Händler pro Computer nur 1 280 € im Verkauf erzielen.
Wie sieht die Bilanz des Händlers aus, wenn er alle Computer verkauft? 7 BE
(Volle Punktzahl nur bei einem Gesamtansatz!)

4. Stefan und Peter planen eine Radtour. Eine Rundtour hat auf einer Karte mit dem Maßstab 1 : 150 000 eine Länge von 42 cm.

a) Wie viele Kilometer ist die Strecke in Wirklichkeit lang? 2 BE

b) Peter ist dies zu weit. Er möchte höchstens 36 km fahren. Wie viele cm auf der Karte darf der entfernteste Punkt der Radtour höchstens vom Startpunkt entfernt sein? 4 BE

5. a) Ein Würfel trägt dreimal die Ziffer 2 und dreimal die Ziffer 3. Bei einem Glücksspiel werden Maximilian zwei Punkte gutgeschrieben, wenn er eine 2 wirft, drei Punkte abgezogen, wenn er eine 3 wirft. Nach 20 Würfen steht seine Bilanz bei 0 Punkten. Wie oft hat er eine 2 geworfen? 4 BE

b) Fünf Spielwürfel werden zu einem Turm aufeinander gestellt. Alle sichtbaren Augenzahlen werden notiert. Wie muss man die Würfel anordnen, damit die (sichtbare) Augenzahlensumme minimal wird? 4 BE

Hinweise und Tipps

1. a) Wende die Maße und ihre Umrechnungszahlen richtig an.

b) Rechne in Zentimeter bzw. Sekunden bzw. Kilogramm.

2. a) In Gramm rechnen.

b) Rechne in Kilogramm.

3. Ansatz $12 \cdot 1\,280\ € - 12 \cdot 835\ € - 563\ € - 481\ € - 3 \cdot 12 \cdot 135\ €$ finden und ausrechnen.

4. a) Multipliziere die Länge auf der Karte mit dem Maßstab.

b) Dividiere die Länge in Zentimeter durch den Maßstab.

5. a) Verhältnis der Zweier zu den Dreiern auf die Gesamtzahl 20 „hochrechnen".

b) Überlege, wie die Augenzahlen beim Würfel angeordnet sind (Summe der Augenzahlen auf zwei gegenüberliegenden Seiten ist 7).

Vertiefende Hinweise zum Lösen der Aufgaben findest du in
Training Mathematik, 5. Klasse (Buch-Nr.: 90005)

- Kapitel 9.1: Messen und Längeneinheiten
- Kapitel 9.2: Maße des Gewichts (der Masse)
- Kapitel 9.3: Hohlraummaße (Flüssigkeitsmaße)
- Kapitel 9.5: Zeitmaße
- Kapitel 10.1: Allgemeines
- Kapitel 10.2: Einkauf, Verkauf
- Kapitel 10.5: Entfernung und Maßstab

Lösung

1. a) 4 Minuten,

(1) $12\text{ kg } 1\text{ g} = 12\,001\text{ g}$ — 1 BE

(2) $12\text{ m } 5\text{ cm} = 1\,205\text{ cm}$ — 1 BE

(3) $360\text{ s} = 6\text{ min}$ — 1 BE

(4) $10\,h\ell\ 5\,\ell = 1\,005\,\ell$ — 1 BE

b) 8 Minuten,

(1) $(1\text{ m } 12\text{ cm} \cdot 5 - 3 \cdot 1{,}4\text{ m}) : 3{,}5\text{ cm} =$

$= (112\text{ cm} \cdot 5 - 3 \cdot 140\text{ cm}) : 3{,}5\text{ cm}$ — 1 BE

$= (560\text{ cm} - 420\text{ cm}) : 3{,}5\text{ cm} = 1\,400\text{ mm} : 35\text{ mm} = 40$ — 1 BE

(2) $(4{,}50\text{ m} - 13\text{ dm} + 430\text{ cm}) : 3 =$

$= (450\text{ cm} - 130\text{ cm} + 430\text{ cm}) : 3$ — 1 BE

$= 750\text{ cm} : 3 = 250\text{ cm}$ — 1 BE

(3) $1\text{ h } 4\text{ min} : 1\text{ min } 20\text{ s} =$

$= 64 \cdot 60\text{ s} : 80\text{ s}$ — 1 BE

$= 3\,840\text{ s} : 80\text{ s} = 48$ — 1 BE

(4) $395\text{ t } 80\text{ kg} : 68 =$

$= 395\,080\text{ kg} : 68$ — 1 BE

$= 5\,810\text{ kg}$ — 1 BE

2. a) 4 Minuten, /

$(7{,}2\text{ kg} + 450\text{ g} - 2\text{ kg } 400\text{ g}) \cdot 5 - 18 \cdot 1{,}4\text{ kg} =$

$= (7\,200\text{ g} + 450\text{ g} - 2\,400\text{ g}) \cdot 5 - 18 \cdot 1\,400\text{ g}$ — 1 BE

$= 5\,250\text{ g} \cdot 5 - 25\,200\text{ g}$ — 1 BE

$= 26\,250\text{ g} - 25\,200\text{ g} = 1\,050\text{ g} = 1\text{ kg } 50\text{ g}$ — 1 BE

b) 4 Minuten,

$(15\text{ t} - 14 \cdot 540\text{ kg}) : 240\text{ kg} =$ — 2 BE

$= (15\,000\text{ kg} - 7\,560\text{ kg}) : 240\text{ kg}$ — 1 BE

$= 7\,440\text{ kg} : 240\text{ kg} = 31$ — 1 BE

Es dürfen noch 31 Paletten zu 240 kg aufgeladen werden.

3. 8 Minuten,

$12 \cdot 1\,280\text{ €} - 12 \cdot 835\text{ €} - 563\text{ €} - 481\text{ €} - 3 \cdot 12 \cdot 135\text{ €} =$ — 3 BE

$= 15\,360\text{ €} - 10\,020\text{ €} - 563\text{ €} - 481\text{ €} - 4\,860\text{ €}$ — 2 BE

$= 15\,360\text{ €} - 15\,924\text{ €} = -564\text{ €}$ — 1 BE

Er macht einen Verlust von 564 €. — 1 BE

4. a) 3 Minuten,
$42\text{ cm} \cdot 150\,000 = 6\,300\,000\text{ cm} = 63\text{ km}$ 2 BE
Die Radtour hat eine Länge von 63 km.

b) 3 Minuten, /
Die weiteste Entfernung sind 18 km, wenn er auf gerader Strecke hin und zurück fährt, d. h. 2 BE
$1\,800\,000\text{ cm} : 150\,000 = 12\text{ cm}$. 2 BE
Der entfernteste Punkt darf auf der Karte höchstens 12 cm entfernt sein.

5. a) 5 Minuten,
Die Anzahl der Würfe der Augenzahl 2 zur Augenzahl 3 verhält sich wie $3:2$.
Bei 20 Würfen sind dies $3 \cdot 4 = 12$ Zweier und $2 \cdot 4 = 8$ Dreier. 3 BE

b) 6 Minuten,
Beim Würfel ist die Augensumme zweier gegenüberliegender Seiten stets 7, d. h. von jedem der Würfel sind an den vier Seitenflächen die Augenzahl 14 sichtbar.
Minimiert wird die Augensumme, wenn der obere Würfel an seiner oberen Seite die Augenzahl 1 zeigt. 5 BE
Die gesuchte Augensumme beträgt dann $5 \cdot 14 + 1 = 71$.

Klassenarbeit 18

1. a) Schreibe in der jeweils angegebenen Einheit: 4 BE

(1) in g: 18 kg 9 g

(2) in t: 60 kg

(3) in s: 4 h 20 s

(4) in mm: 4,05 m

b) Berechne und gib das Ergebnis mit ganzen Maßzahlen in möglichst großen Einheiten an: 6 BE

(1) $(0{,}85\ \text{t} + 350\ \text{kg}\ 500\ \text{g} + 50{,}5\ \text{kg}) : 3 =$

(2) $6 \cdot (4\ \text{d}\ 8\ \text{h} + 20\ \text{h}) =$

2. a) Berechne und gib an, ob eine Teilung oder eine Messung vorliegt:
$(8\ \text{km}\ 201\ \text{m} + 5\ \text{km}\ 83\ \text{m}) : 108\ \text{m} =$ 3 BE

b) Ein Obsthändler kauft für 180 € Avocados, die 2,50 € pro Kilogramm kosten. 7 kg der Früchte sind verdorben. Den Rest verkauft er für 3,80 € je kg.
Welchen Gewinn macht der Händler mit dem Verkauf der Avocados? 5 BE

3. a) Sofie kommt um 13.25 Uhr von der Schule nach Hause. 25 min später beginnt sie mit ihren Hausaufgaben. Danach geht sie auf den Spielplatz. Nach 1 h 45 min, um 17.40 Uhr, kommt sie wieder nach Hause.
Wie lange benötigte sie für ihre Hausaufgaben? 4 BE

b) Auf einer Hühnerfarm legen die Hühner am Montag 1 650 Eier, am Dienstag 1 330, am Mittwoch 1 260, am Donnerstag 1 180 und am Freitag, Samstag und Sonntag jeweils 1 320 Eier.
Wie viele Eier legten die Hühner im Durchschnitt? 2 BE

4. Familie Schmidt kauft sich ein Auto zum Preis von 28 760 €. Ein Viertel des Kaufpreises zahlt sie sofort, den Rest will sie in 15 gleichen Monatsraten abbezahlen.

a) Wie viel hat Familie Schmidt nach 3 Monaten noch zu zahlen? 4 BE

b) Nach drei Monaten verbessern sich die finanziellen Möglichkeiten von Familie Schmidt so sehr, dass sie jetzt monatlich noch 719 € mehr abbezahlen kann.
Um wie viele Monate verkürzt sich dadurch die Zeit der Ratenzahlung? 4 BE

5. a) Für vier gleiche Packungen Pralinen fehlen Kathrin 3 € 20 Cent. Sie kauft deshalb nur drei Packungen. Jetzt hat sie noch 1 € 30 Cent übrig.
Wie viel Geld hatte Kathrin? 4 BE

b) Drei Rosen und zwei Fresien kosten 6,90 €, zwei Rosen und drei Fresien 6,60 €.
Wie viel kostet ein Strauß aus fünf Rosen und sieben Fresien? 4 BE

Hinweise und Tipps

1. a) Wende die Maße und ihre Umrechnungszahlen richtig an.

b) In Gramm bzw. Stunden rechnen.

2. a) Rechne in Meter.

b) Ansatz $(180\,€ : 2{,}5\,€ - 7) \cdot 3{,}80\,€ - 180\,€$ finden und ausrechnen.

3. a) Bringe die Uhrzeiten und die Zeiten miteinander in Verbindung.
Uhrzeit + Zeit = Uhrzeit
Uhrzeit − Zeit = Uhrzeit
Uhrzeit − Uhrzeit = Zeit

b) Dividiere die Summe aller Eier durch 7.

4. a) Ansatz $[28\,760\,€ - 28\,760\,€ : 4] - [(28\,760\,€ - 28\,760\,€ : 4) : 15] \cdot 3$ finden oder in Einzelschritten den Rest 17 256 € finden.

b) Dividiere den Rest durch 2 157 €.

5. a) Bestimme die Kosten einer Packung Pralinen und schließe dann auf den Geldbetrag.

b) Bestimme aus dem Preisunterschied Rose/Fresie den Preis für eine Fresie bzw. eine Rose. Rechne die Kosten des Straußes aus.

Vertiefende Hinweise zum Lösen der Aufgaben findest du in
Training Mathematik, 5. Klasse (Buch-Nr.: 90005)

- Kapitel 9.1: Messen und Längeneinheiten
- Kapitel 9.2: Maße des Gewichts (der Masse)
- Kapitel 9.5: Zeitmaße
- Kapitel 9.6: Teilen und Messen
- Kapitel 9.7: Mittelwerte
- Kapitel 10.1: Allgemeines
- Kapitel 10.2: Einkauf, Verkauf

Lösung

1. a) 4 Minuten,
(1) $18\text{ kg }9\text{ g} = 18\,009\text{ g}$ 1 BE
(2) $60\text{ kg} = 0{,}060\text{ t}$ 1 BE
(3) $4\text{ h }20\text{ s} = 4 \cdot 3\,600\text{ s} + 20\text{ s} = 14\,420\text{ s}$ 1 BE
(4) $4{,}05\text{ m} = 4\,050\text{ mm}$ 1 BE

b) 6 Minuten, /
(1) $(0{,}85\text{ t} + 350\text{ kg }500\text{ g} + 50{,}5\text{ kg}) : 3 =$
$= (850\,000\text{ g} + 350\,500\text{ g} + 50\,500\text{ g}) : 3$ 1 BE
$= 1\,251\,000\text{ g} : 3$ 1 BE
$= 417\,000\text{ g} = 417\text{ kg}$ 1 BE
(2) $6 \cdot (4\text{ d }8\text{ h} + 20\text{ h}) =$
$= 6 \cdot (104\text{ h} + 20\text{ h})$ 1 BE
$= 6 \cdot 124\text{ h} = 744\text{ h}$ 1 BE
$= 31\text{ d}$ 1 BE

2. a) 3 Minuten, /
$(8\text{ km }201\text{ m} + 5\text{ km }83\text{ m}) : 108\text{ m} =$
$= (8\,201\text{ m} + 5\,083\text{ m}) : 108\text{ m}$ 1 BE
$= 13\,284\text{ m} : 108\text{ m} = 123$ 1 BE
Es liegt eine Messung vor. 1 BE

b) 6 Minuten,
$(180\text{ €} : 2{,}5\text{ €} - 7) \cdot 3{,}80\text{ €} - 180\text{ €} =$ 2 BE
$= (72 - 7) \cdot 3{,}80\text{ €} - 180\text{ €}$ 1 BE
$= 65 \cdot 3{,}80\text{ €} - 180\text{ €}$ 1 BE
$= 247\text{ €} - 180\text{ €}$ 1 BE
$= 67\text{ €}$
Der Gewinn beträgt 67 €.

3. a) 4 Minuten, /
13.25 Uhr + 25 min = 13.50 Uhr 1 BE
17.40 Uhr − 1 h 45 min = 15.55 Uhr 1 BE
15.55 Uhr − 13.50 Uhr = 2 h 5 min 1 BE
Die Hausaufgaben dauerten 2 h 5 min. 1 BE

b) 3 Minuten,
$(1\,650+1\,330+1\,260+1\,180+1\,320+1\,320+1\,320):7=$ 1 BE
$=9\,380:7=1\,340$ 1 BE
Im Durchschnitt legten die Hühner 1 340 Eier.

4. a) 6 Minuten, /
$[28\,760\,€-28\,760\,€:4]-[(28\,760\,€-28\,760\,€:4):15]\cdot 3=$ 1 BE
$=[28\,760\,€-7\,190\,€]-[(28\,760\,€-7\,190\,€):15]\cdot 3$ 1 BE
$=21\,570\,€-[21\,570\,€:15]\cdot 3$ 1 BE
$=21\,570\,€-4\,314\,€=17\,256\,€$ 1 BE
Nach 3 Monaten muss Familie Schmidt noch 17 256 € zahlen.

b) 3 Minuten, /
$17\,256\,€:12=1438\,€$ 1 BE
$17\,256\,€:(1\,438\,€+719\,€)=$ 1 BE
$=17\,256\,€:2\,157\,€=8$ 1 BE
Familie Schmidt muss noch 8 Monate zahlen, d. h. die Ratenzahlung verkürzt sich um 4 Monate. 1 BE

5. a) 5 Minuten,
1 Packung Pralinen kostet $3\,€\,20\text{ Cent}+1\,€\,30\text{ Cent}$
$=4\,€\,50\text{ Cent}$ 2 BE
Kathrin hatte an Geld $3\cdot 4\,€\,50\text{ Cent}+1\,€\,30\text{ Cent}=$
$13\,€\,50\text{ Cent}+1\,€\,30\text{ Cent}=14\,€\,80\text{ Cent}$. 2 BE

b) 5 Minuten,
Eine Rose ist 30 Cent teurer als eine Fresie, d. h. eine Fresie kostet $(6{,}90\,€-3\cdot 0{,}30\,€):5=1\,€\,20\text{ Cent}$. 2 BE
Eine Rose kostet 1 € 50 Cent.
Der Strauß kostet $5\cdot 1\,€\,50\text{ Cent}+7\cdot 1\,€\,20\text{ Cent}=$
$7\,€\,50\text{ Cent}+8\,€\,40\text{ Cent}=15\,€\,90\text{ Cent}$. 2 BE

Klassenarbeiten zum Themenbereich 5: Geometrische Grundbegriffe; Flächenmessung und Flächenberechnung

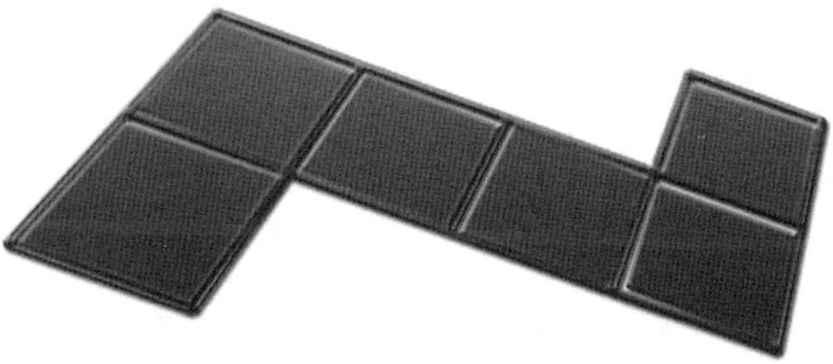

Klassenarbeit 19

1. a) Bestimme aus der Zeichnung, welche Aussage wahr (w.), welche falsch (f.) ist: 3 BE

(1) $g \parallel h$
(2) $\ell \perp k$
(3) $D \in AE$
(4) $B \in [AC]$
(5) $C \in [BA$
(6) $\ell \cap g = \{D\}$

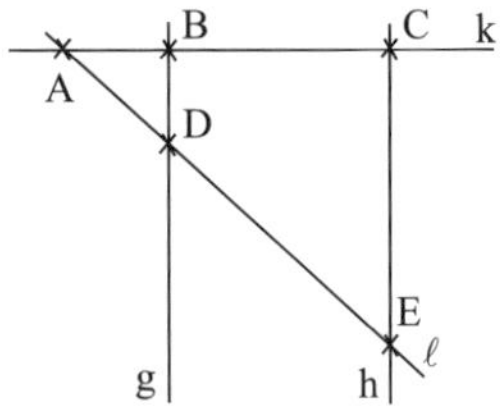

b) Ergänze zu einer wahren Aussage: 3 BE

(1) $k \cap \ell = \dots$
(2) $E \dots \ell \cap g$
(3) $[AB] \cap [EC] = \dots$

2. In einem Koordinatensystem (Gitternetz) sind die Punkte $A(5|-1)$ und $B(7|1)$ gegeben.

a) Zeichne mit dem Geodreieck das Rechteck ABCD, wobei die Seite [AD] doppelt so lang wie die Seite [AB] sein soll. Gib die Koordinaten (Gitterzahlen) der Punkte C und D an. 5 BE

b) Markiere die Menge $M = [AC] \cap [BD]$ und miss mit dem Geodreieck den kleineren der beiden Winkel, den die Strecken [AC] und [BD] miteinander einschließen. 4 BE

c) Der Punkt C wird an der Geraden AD gespiegelt.
Bestimme den Spiegelpunkt C' und gib seine Koordinaten (Gitterzahlen) an. 3 BE

3. Ein Rechteck hat einen Flächeninhalt von $64\ \text{cm}^2$.

a) Wie groß ist der Umfang eines Quadrats mit gleichem Flächeninhalt? 3 BE

b) Unter allen Rechtecken mit ganzzahligen Seitenlängen $(a > b)$ und obigem Flächeninhalt gibt es eines, das den größten Umfang besitzt.
Gib Länge a und Breite b sowie den Umfang u dieses Rechtecks an. 3 BE

4. Ein rechteckiger Garten (siehe Skizze) hat die Länge 50 m und die Breite 35 m. In der Mitte führt ein 3 m breiter Weg hindurch.

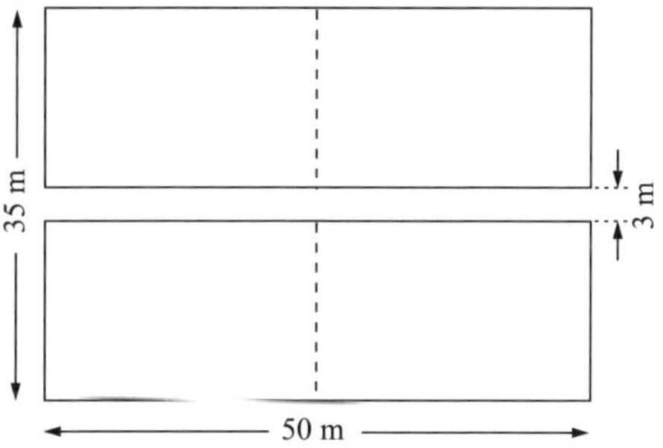

a) Die restliche Fläche wird in vier gleich große Gärten aufgeteilt. Berechne den Flächeninhalt eines solchen Gartens. 3 BE

b) Die einzelnen Gärten werden eingezäunt, wobei benachbarte Grundstücke nur durch einen Zaun getrennt sind. Wie viel kostet dies, wenn ein laufender Meter Zaun mit Montage 22 € kostet? 4 BE

c) Um das gesamte Grundstück wird ein 3 m breiter Fahrweg angelegt. Berechne die dazu benötigte Fläche. 4 BE

5. Ein Rechteck mit dem Umfang u = 144 cm lässt sich in fünf gleich große Quadrate zerlegen. Wie groß ist die Fläche des Rechtecks? 5 BE

Hinweise und Tipps

1. a) Lies Wahrheitswert w. oder f. aus der Zeichnung ab.

b) Ergänzung aus der Zeichnung ablesen. Achte auf korrekte Schreibweise.

2. a) Lege ein Koordinatensystem (Gitternetz) an, zeichne die Punkte A und B ein und verwende die Kästchendiagonalen als Längenmaß. Finde die Punkte $C(3\,|\,5)$ und $D(1\,|\,3)$.

b) Schnittmenge der Strecken ist der Schnittpunkt $S(4\,|\,2)$. Miss den Winkel von etwa 53° mit dem Geodreieck.

c) Spiegle den Punkt C mit dem Geodreieck an AD in den Punkt $C'(-1\,|\,1)$.

3. a) Bestimme aus der Quadratfläche die Quadratseiten und dann den Umfang.

b) Schreibe die ganzzahligen Produkte $a \cdot b = 64$ auf, bilde $2 \cdot (a + b)$ und finde das gesuchte Paar $a = 64$ cm und $b = 1$ cm.

4. a) Bestimme Länge und Breite eines Gartens und rechne die Fläche aus.

b) Lege die Zaunlänge aus der Zeichnung fest und multipliziere sie mit dem Preis.

c) Stelle die Fläche des Fahrwegs als Summe von vier Rechtecken dar.

5. Erkenne, dass nur die folgende Aufteilung möglich ist:

Bestimme die Seiten aus dem Umfang und rechne dann die Fläche aus.

Vertiefende Hinweise zum Lösen der Aufgaben findest du in Training Mathematik, 5. Klasse (Buch-Nr.: 90005)

- Kapitel 11.1: Punktmengen
- Kapitel 11.2: Senkrecht, parallel, Winkelmessung
- Kapitel 11.3: Gitternetz (Koordinatensystem)
- Kapitel 12.4: Symmetrie
- Kapitel 13.2: Flächeninhalt und Umfang des Rechtecks
- Kapitel 13.3: Flächeninhalt und Umfang des Quadrats

Lösung

1. a) 🕓 4 Minuten,

(1) w.	0,5 BE
(2) f.	0,5 BE
(3) w.	0,5 BE
(4) w.	0,5 BE
(5) f.	0,5 BE
(6) w.	0,5 BE

b) 🕓 3 Minuten,

(1) $k \cap \ell = \{A\}$	1 BE
(2) $E \notin \ell \cap g$	1 BE
(3) $[BD] \cap [EC] = \{\ \}$	1 BE

2. a) 🕓 7 Minuten,

Zur Zeichnung von C und D die Kästchendiagonalen im Gitternetz abzählen. — 3 BE

$C(3|5)$, $D(1|3)$ (Zeichnung siehe unten) — 2 BE

b) 🕓 4 Minuten, /

Diagonalen einzeichnen. — 1 BE

$M = [AC] \cap [BD] = \{S\}$ mit $S(4|2)$ — 1 BE

$\sphericalangle BSA \approx 53°$ — 2 BE

c) 🕓 3 Minuten, /

C an AD wie im Unterricht spiegeln. — 2 BE

$\Rightarrow$ $C'(-1|1)$ — 1 BE

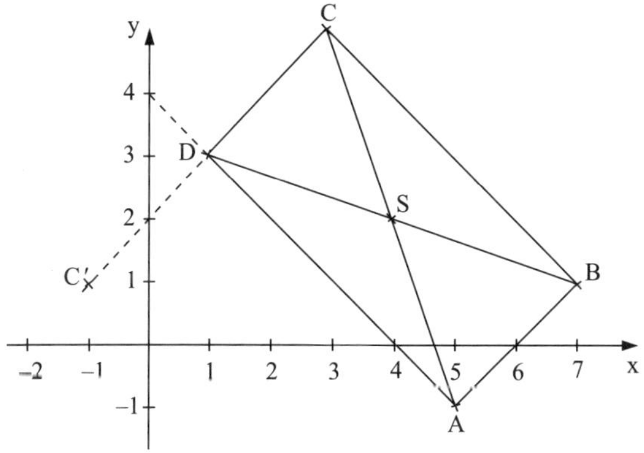

3. a) 3 Minuten,

$A_Q = a^2 = 64\ cm^2 \quad \Rightarrow \quad a = 8\ cm$ 2 BE

$u_Q = 4 \cdot 8\ cm = 32\ cm$ 1 BE

b) 3 Minuten,

$64 = 64 \cdot 1 \quad \Rightarrow \quad u_1 = 2 \cdot (64+1)\ cm = 130\ cm$ 1 BE

$64 = 32 \cdot 2 \quad \Rightarrow \quad u_2 = 2 \cdot (32+2)\ cm = 68\ cm$ 1 BE

$64 = 16 \cdot 4 \quad \Rightarrow \quad u_3 = 2 \cdot (16+4)\ cm = 40\ cm$ 1 BE

Gesucht ist das Rechteck mit $a = 64$ cm und $b = 1$ cm und dem Umfang $u = 130$ cm.

4. a) 3 Minuten,

Ein Garten hat die Länge 25 m und die Breite $(35-3)\ m : 2 = 16\ m$. 1 BE

$\Rightarrow \quad A_G = 25\ m \cdot 16\ m = 400\ m^2$ 2 BE

Ein Garten hat die Fläche von 400 m^2.

b) 4 Minuten,

Länge ℓ des Zauns: $\ell = 4 \cdot 50\ m + 6 \cdot 16\ m = 296\ m$ 2 BE

Preis: $296 \cdot 22\ € = 6\,512\ €$ 2 BE

Die Umzäunung aller Gärten kostet 6 512 €.

c) 5 Minuten,

$A_{ges} = (50\ m + 2 \cdot 3\ m) \cdot 3\ m \cdot 2 + 35\ m \cdot 3\ m \cdot 2$ 2 BE

$= 336\ m^2 + 210\ m^2 = 546\ m^2$ 2 BE

Für den Fahrweg braucht man eine Fläche von 546 m^2.

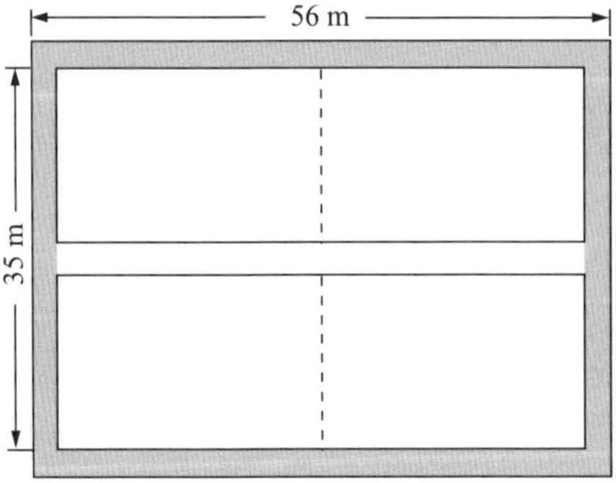

5. 6 Minuten,

Wegen der Zahl 5 ist nur folgende Aufteilung möglich: 2 BE

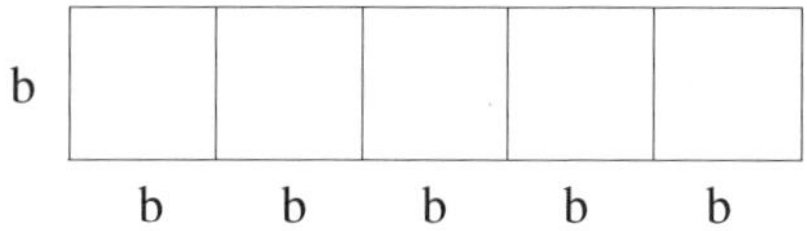

Der Umfang u setzt sich aus zweimal b für die Breite und zweimal b + b + b + b + b für die Länge zusammen. Ingesamt passt das Maß b zwölfmal in den Umfang.

$\Rightarrow \quad b = 144\text{ cm} : 12 = 12\text{ cm}$ 2 BE

Seiten: $a = 5 \cdot 12\text{ cm} = 60\text{ cm}$; $b = 12\text{ cm}$

$A_R = a \cdot b = 60 \cdot 12\text{ cm}^2 = 720\text{ cm}^2$ 1 BE

Die Fläche des Rechtecks beträgt 720 cm^2.

Klassenarbeit 20

1. In einem Koordinatensystem (Gitternetz) sind die Punkte $A(1|1)$, $B(7|1)$, $C(4|3)$ und $D(7|4)$ gegeben.

a) Zeichne die Geraden $g = AB$ und $k = AC$. Miss den Winkel BAC mit dem Geodreieck. 6 BE

b) Zeichne die Parallele p zu k durch D sowie die Senkrechte s zu k durch C. 3 BE

c) Markiere [AC farbig und gib die Länge der Strecke [AB] an. 2 BE

d) Bestimme y so, dass $Q(7|y) \in k$. 2 BE

2. a) Wandle in die in der Klammer angegebene Einheit um: 2 BE

(1) 2 ha 13 a 2 m^2 (in m^2)

(2) 3 km^2 5 cm^2 (in cm^2)

b) Schreibe in gemischten Einheiten: 2 BE

(1) 13,0014 a

(2) 6,025 ha

c) Berechne: 4 BE

(1) 13 a 20 m^2 : 12 m^2 =

(2) 41 km^2 : 20 =

3. Die Zeichnung stellt den Grundriss eines Grundstücks mit Haus und Garage dar. Die Maße sind in Meter angegeben.

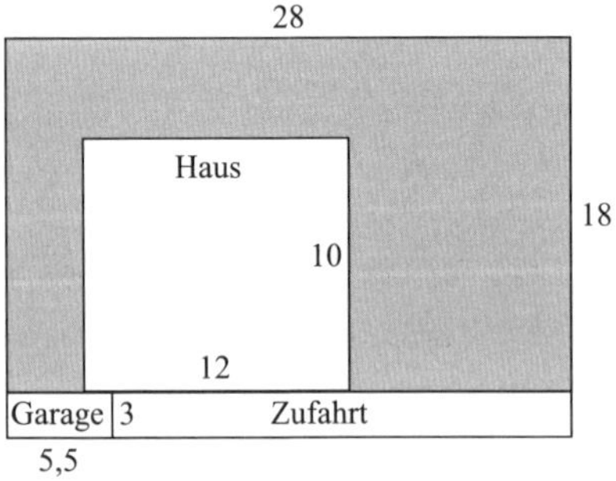

a) Auf der grauen Fläche soll Rasen angesät werden.
Wie viele 2,5-kg-Packungen Grassamen benötigt man mindestens, wenn man pro Quadratmeter 40 g Samen braucht? 5 BE

b) Die Zufahrt zur Garage soll mit quadratischen Platten der Kantenlänge 50 cm gepflastert werden.
Wie viele Platten werden benötigt? 3 BE

4. Der Boden eines rechteckigen Zimmers mit der Länge $a = 4{,}40$ m und der Breite $b = 3{,}20$ m soll mit quadratischen Platten ausgelegt werden.

a) Welche Seitenlänge dürfen diese Platten höchstens haben, wenn nur ganze Platten verwendet werden? 2 BE

b) Wie viele solcher Platten (mit maximaler Größe) werden dann benötigt? 2 BE

c) Wie viele quadratische Platten, deren Seitenkante nur halb so groß ist, würde man benötigen? 2 BE

5. Ein Gebäude mit rechteckiger Grundfläche ist 20 m lang und 8 m breit. Auf einer maßstabsgetreuen Zeichnung hat die Grundfläche des Gebäudes einen Flächeninhalt von 640 cm^2.
Bestimme den für die Zeichnung verwendeten Maßstab. 5 BE

Hinweise und Tipps

1. a) Lege ein Koordinatensystem (Gitternetz) an, zeichne die Punkte und die Geraden ein; lies den Winkel ca. $34°$ ab.

b) Zeichne Parallele p und Senkrechte s mit dem Geodreieck.

c) Zeichne den Strahl farbig und lies die Strecke $\overline{AB} = 6$ cm ab.

d) Punkt D bei Rechtswert 7 auf der Geraden k zeichnen und Hochwert $y = 5$ ablesen.

2. a) Umwandlungszahlen bei Flächenmaßen richtig anwenden.

b) Wende die Umwandlungszahlen bei Flächenmaßen richtig an.

c) Führe die Messung in m^2, die Teilung in ha aus.

3. a) Ansatz $[(28 \cdot 15 - 12 \cdot 10) \cdot 40] : 2\,500$ finden, ausrechnen und Schlussfolgerung ziehen.

b) Bestimme die Anzahl der Platten durch Anlegen an der Längenseite und durch die Anzahl der benötigten Streifen. Oder berechne die Anzahl der Platten als Quotient der Gesamtfläche durch die Plattenfläche.

4. a) Zerlege die Länge und die Breite in $440 = 40 \cdot 11$ und $320 = 40 \cdot 8$ und schließe daraus auf die Seitenlänge der Platten.

b) Gewinne die Anzahl der Platten aus der Zerlegung unter a oder als Quotient der Gesamtfläche durch die Plattenfläche.

c) Eine große Platte wird durch $2 \cdot 2 = 4$ kleine ersetzt.

5. Das Verhältnis von Länge zu Breite ist durch die Maße der Grundfläche als $20 : 8$ gegeben. Schließe mit diesem Verhältnis auf die Längen $a = 40$ cm und $b = 16$ cm und gewinne den Maßstab als Verhältnis zusammengehöriger Längen in der Form $1 : x$.

Vertiefende Hinweise zum Lösen der Aufgaben findest du in
Training Mathematik, 5. Klasse (Buch-Nr.: 90005)
- Kapitel 10.5: Entfernung und Maßstab
- Kapitel 11.1: Punktmengen
- Kapitel 11.2: Senkrecht, parallel, Winkelmessung
- Kapitel 11.3: Gitternetz (Koordinatensystem)
- Kapitel 13.1: Flächenmessung
- Kapitel 13.2: Flächeninhalt und Umfang des Rechtecks
- Kapitel 13.3: Flächeninhalt und Umfang des Quadrats

Lösung

1. a) 7 Minuten

Koordinatensystem anlegen, Punkte A, B, C, D zeichnen. 4 BE

Geraden g und k zeichnen, Winkel BAC $\approx 34°$ ablesen. 2 BE

b) 3 Minuten

Parallele p zeichnen. 2 BE

Senkrechte s zeichnen. 1 BE

c) 2 Minuten

Strahl [AC farbig einzeichnen. 1 BE

Länge $\overline{AB} = 6$ cm ablesen. 1 BE

d) 2 Minuten

Q einzeichnen und $y = 5$ ablesen. 2 BE

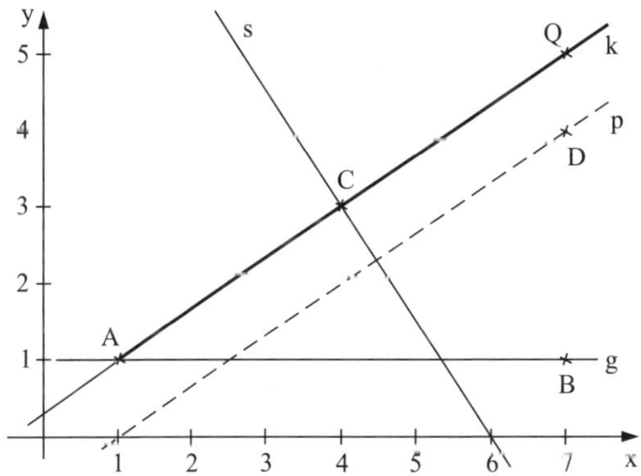

2. a) 2 Minuten

(1) 2 ha 13 a 2 $m^2 = 21\,302$ m^2 1 BE

(2) 3 km^2 5 $cm^2 = 30\,000\,000\,005$ cm^2 1 BE

b) 2 Minuten

(1) 13,0014 a = 13 a 14 dm^2 1 BE

(2) 6,025 ha = 6 ha 2 a 50 m^2 1 BE

c) 4 Minuten

(1) 13 a 20 $m^2 : 12$ $m^2 = 1\,320$ $m^2 : 12$ $m^2 = 110$ 2 BE

(2) 41 $km^2 : 20 = 4\,100$ ha : 20 = 205 ha 2 BE

3. a) 5 Minuten,

$[(28 \cdot (18-3) - 12 \cdot 10) \cdot 40\text{ g}] : 2\,500\text{ g}$ 3 BE

$= [(420-120) \cdot 40\text{ g}] : 2\,500\text{ g} =$ 1 BE

$12\,000\text{ g} : 2\,500\text{ g} = 4 \text{ Rest } 2\,000$ 1 BE

Man benötigt fünf Packungen Grassamen.

b) 4 Minuten,

Länge der Zufahrt: $(28\text{ m} - 5{,}5\text{ m}) = 22{,}5\text{ m}$

$\Rightarrow$ Reihe mit $2\,250\text{ cm} : 50\text{ cm} = 45$ Platten 1 BE

Breite der Zufahrt: 3 m

$\Rightarrow$ $300\text{ cm} : 50\text{ cm} = 6$ Reihen übereinander 1 BE

Man benötigt $6 \cdot 45 = 270$ Platten. 1 BE

oder:

$(22{,}5\text{ m} \cdot 3\text{ m}) : (0{,}5\text{ m} \cdot 0{,}5\text{ m}) = 6\,750\text{ dm}^2 : 25\text{ dm}^2 = 270$

4. a) 3 Minuten,

$440\text{ cm} = 40 \cdot 11\text{ cm}$

$320\text{ cm} = 40 \cdot 8\text{ cm}$ $\Rightarrow$ Seitenlänge 40 cm 1 BE

Die maximale Seitenlänge beträgt 40 cm. 1 BE

b) 3 Minuten,

Aus der Zerlegung unter a liest man ab:

Man benötigt $11 \cdot 8 = 88$ Platten. 2 BE

c) 3 Minuten,

Für eine Platte mit 40 cm Seitenlänge benötigt man $2 \cdot 2 = 4$ 1 BE

Platten mit der Seitenlänge 20 cm, d. h. man benötigt $4 \cdot 88 = 352$ 1 BE

Platten.

5. 5 Minuten,

Da die Zeichnung maßstabsgetreu ist, verhält sich auch dort die Länge zur Breite wie $20 : 8 = 5 : 2$. Durch Vergleich findet man: 1 BE

a in cm	b in cm	A in cm^2
5	2	10
20	8	160
40	16	640

2 BE

In der Zeichnung gilt $a = 40$ cm und $b = 16$ cm. Daraus ergibt sich der Maßstab $40\text{ cm} : 2\,000\text{ cm} = 1 : 50$ oder $16\text{ cm} : 800\text{ cm} = 1 : 50$. 2 BE

Klassenarbeit 21

1. a) In einem Koordinatensystem (Gitternetz, beide Achsen von –5 bis 5) sind die Punkte A(–3 | –4), B(1 | 0) und C(1 | 3) gegeben. 8 BE

(1) Zeichne die Gerade g = AB und miss den Abstand des Punktes C von der Geraden g.

(2) Spiegle den Punkt C an der Geraden g und bestimme den Spiegelpunkt C'.

(3) Markiere alle Punkte auf der Geraden g, deren Abstand von C kleiner ist als 3 cm.

b) Schreibe in der in der Klammer angegebenen Einheit: 2 BE

(1) $6\ \text{ha}\ 312\ \text{m}^2\ 1\ \text{dm}^2$ (in dm^2)

(2) $3\ \text{km}^2\ 3\ \text{a}$ (in m^2)

2. a) Wie ändert sich der Flächeninhalt eines Quadrats, wenn man den Umfang des Quadrats verdoppelt? 2 BE

b) Berechne: 6 BE

(1) $18\ \text{a}\ 24\ \text{m}^2 : 6 + 4\ \text{a}\ 5\ \text{m}^2 \cdot 5 =$

(2) $18\ \text{m}^2\ 18\ \text{cm}^2 : 18\ \text{cm}^2 =$

(3) $36\ \text{m}^2 - (8\ \text{m}^2\ 95\ \text{dm}^2 + 24\ \text{m}^2\ 88\ \text{dm}^2) =$

3. a) Ein quadratisches Grundstück wurde eingezäunt. Der laufende Meter Zaun kostete 32 €, an Arbeitslohn wurden 444 € berechnet. Der Rechnungsbetrag lautete 3 900 €.
Welchen Flächeninhalt hat das Grundstück? 5 BE

b) In der folgenden Tabelle sind Rechtecke mit den Seitenlängen a und b sowie dem Umfang u (alle in cm) und der Fläche A (in cm^2) gegeben.
Bestimme die fehlenden Größen:

a	b	u	A
8			40
	4	28	

4 BE

4. a) Wie verändert sich die Oberfläche eines Würfels, wenn man seine Kantenlänge verdreifacht? 2 BE

b) Mithilfe von Draht soll das Kantenmodell eines Quaders zusammengelötet werden. Der Quader soll 5 m lang, 3 m breit und 2 m hoch werden.
Zeichne das Quadernetz maßstabsgetreu. Wie viel Draht wird benötigt? 3 BE

5. a) Holzbausteine sind Quader mit den Maßen $a = 4$ cm, $b = 3$ cm und $c = 2$ cm.
Wie viele solcher Holzbausteine benötigt man, um den kleinstmöglichen Würfel zu bauen? 3 BE

b) Oliver hat 84 Würfel mit der Kantenlänge 1 cm. Er baut aus allen Würfeln einen Quader, dessen Grundfläche einen Umfang von 14 cm besitzt.
Welche Höhe kann der Quader besitzen? Liste alle Möglichkeiten auf. 5 BE

Hinweise und Tipps

1. a) Lege ein Koordinatensystem (Gitternetz) an und zeichne die Punkte und die Gerade ein. Miss den Abstand von ca. 2,1 cm mit dem Geodreieck ab. Spiegle S an g und lies C'(4 | 0) ab. Zeichne einen Kreis um C mit Radius 3 cm und markiere alle Punkte auf g innerhalb des Kreises.

b) Wende die Umwandlungszahlen bei Flächenmaßen richtig an.

2. a) Die Seitenflächen werden $2 \cdot 2 = 4$-mal so groß.

b) Rechne bei der Messung in cm^2.

3. a) Aus $(3\,900 - 444) : 32$ auf den Umfang des quadratischen Grundstückes schließen, dann eine Seite und den Flächeninhalt bestimmen.

b) Wende die Formeln $u = 2 \cdot (a + b)$ und $A = a \cdot b$ an.

4. a) Die Flächen werden $3 \cdot 3 = 9$ mal so groß.

b) Überlege dir einen geeigneten Maßstab und zeichne das Quadernetz. Addiere jeweils vier Kantenlängen.

5. a) Kleinste Würfelkante = kleinstes gemeinsames Vielfache von a, b, c.

b) Schließe aus $2 \cdot (a + b) = 14$ auf $a + b = 7$ und rechne dann alle Möglichkeiten durch.

Vertiefende Hinweise zum Lösen der Aufgaben findest du in
Training Mathematik, 5. Klasse (Buch-Nr.: 90005)

- Kapitel 11.1: Punktmengen
- Kapitel 11.3: Gitternetz (Koordinatensystem)
- Kapitel 12.4: Symmetrie
- Kapitel 13.1: Flächenmessung
- Kapitel 13.2: Flächeninhalt und Umfang des Rechtecks
- Kapitel 13.3: Flächeninhalt und Umfang des Quadrats
- Kapitel 13.4: Oberfläche von Quader und Würfel

Lösung

1. a) 10 Minuten,

(1) Koordinatensystem (Gitternetz)
Punkte A, B, C und Gerade g zeichnen — 2 BE
Abstand ca. 2,1 cm des Punktes C von der Geraden g messen. — 1 BE

(2) Spiegelpunkt C' mit Geodreieck konstruieren und — 1 BE
C'(4|0) ablesen. — 1 BE

(3) Kreis um C mit Radius 3 cm zeichnen. — 2 BE
Geradenstück innerhalb des Kreises markieren. — 1 BE

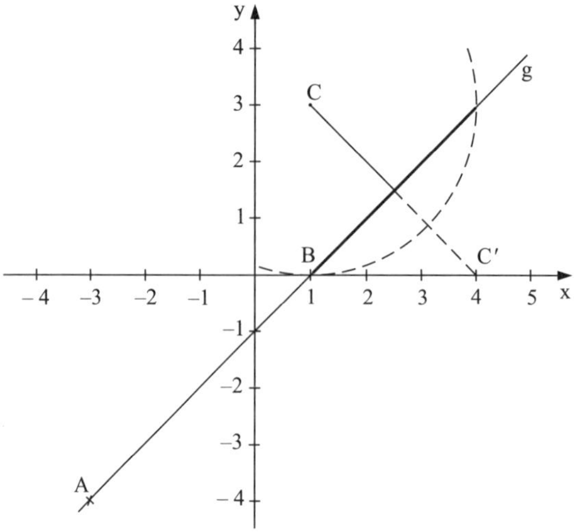

b) 2 Minuten,

(1) $6\text{ ha }312\text{ m}^2\ 1\text{ dm}^2 = 6\,031\,201\text{ dm}^2$ — 1 BE

(2) $3\text{ km}^2\ 3\text{ a} = 3\,000\,300\text{ m}^2$ — 1 BE

2. a) 2 Minuten,

Aus der Verdoppelung des Umfangs folgt eine Verdoppelung der Seiten, d. h. der Flächeninhalt vervierfacht sich. — 2 BE

b) 6 Minuten,

(1) $18\text{ a }24\text{ m}^2 : 6 + 4\text{ a }5\text{ m}^2 \cdot 5 =$
$= 3\text{ a }4\text{ m}^2 + 20\text{ a }25\text{ m}^2 = 23\text{ a }29\text{ m}^2$ — 2 BE

(2) $18\text{ m}^2\ 18\text{ cm}^2 : 18\text{ cm}^2 = 180\,018\text{ cm}^2 : 18\text{ cm}^2 = 10\,001$ — 2 BE

(3) $36\ \text{m}^2 - (8\ \text{m}^2\ 95\ \text{dm}^2 + 24\ \text{m}^2\ 88\ \text{dm}^2)$
$= 36\ \text{m}^2 - 32\ \text{m}^2\ 183\ \text{dm}^2$
$= 35\ \text{m}^2\ 100\ \text{dm}^2 - 33\ \text{m}^3\ 83\ \text{dm}^2 = 2\ \text{m}^2\ 17\ \text{dm}^2$ 2 BE

3. a) 5 Minuten,
$u_Q = (3\,900 - 444) : 32 = 3\,456\ \text{m} : 32 = 108\ \text{m}$ 3 BE
$\Rightarrow\ a_Q = 108\ \text{m} : 4 = 27\ \text{m}\ \Rightarrow\ A_Q = 27^2\ \text{m}^2 = 729\ \text{m}^2$ 2 BE
Das Grundstück hat einen Flächeninhalt von $729\ \text{m}^2$.

b) 4 Minuten,
Aus $a \cdot b = A$ folgt $b = A : a$.
Aus $u = 2 \cdot (a + b)$ folgt $u : 2 = a + b\ \Rightarrow\ a = u : 2 - b$
Damit erhält man die folgenden Tabellenwerte:

a	b	u	A	
8	**5**	**26**	40	2 BE
10	4	28	**40**	2 BE

4. a) 2 Minuten,
Die Oberfläche verneunfacht sich, weil sich jede Seitenfläche um den Faktor $3 \cdot 3 = 9$ vergrößert. 2 BE

b) 5 Minuten,

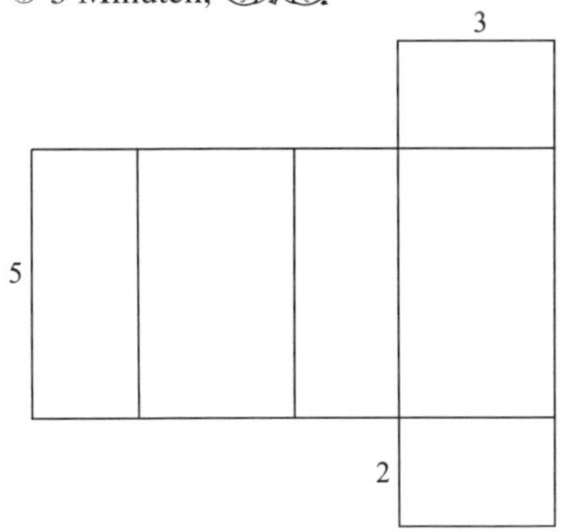

1 BE

Drahtlänge: $\ell = 4 \cdot 5\ \text{m} + 4 \cdot 3\ \text{m} + 4 \cdot 2\ \text{m}$ 1 BE
$= 20\ \text{m} + 12\ \text{m} + 8\ \text{m}$
$= 40\ \text{m}$ 1 BE

5. a) 3 Minuten,

Die kleinsten Ausmaße eines Würfels sind das kleinste gemeinsame Vielfache von a, b, c, also 12 cm.
Man benötigt $(12:4)\cdot(12:3)\cdot(12:2)=3\cdot4\cdot6=72$ solche Quader für einen Würfel mit der Kantenlänge 12 cm. 3 BE

b) 6 Minuten,

$U_{Grundfläche}=14\text{ cm}$ 2 BE

$\overset{(1)}{=}(6+6+1+1)\text{ cm}$ (6 Würfel in der Grundfläche)

$\overset{(2)}{=}(5+5+2+2)\text{ cm}$ (10 Würfel in der Grundfläche)

$\overset{(3)}{=}(4+4+3+3)\text{ cm}$ (12 Würfel in der Grundfläche)

$\text{Höhe}_{(1)}=84\text{ cm}:6=14\text{ cm}$ 1 BE

$\text{Höhe}_{(2)}=84\text{ cm}:10=\text{keine ganze Zahl}$ 1 BE

$\text{Höhe}_{(3)}=84\text{ cm}:12=7\text{ cm}$ 1 BE

Als Quaderhöhen sind $c=14$ cm ($a=6$ cm und $b=1$ cm) und $c=7$ cm ($a=4$ cm und $b=3$ cm) möglich.

Klassenarbeit 22

1. a) Berechne: 5 BE

(1) $20\ m^2\ 40\ dm^2 : 120\ cm^2 =$

(2) $(60\ a\ 1\ m^2 - 2\,212\ dm^2) + (9\ a\ 13\ m^2\ 2\ dm^2 - 889\ m^2) =$

b) Ein rechteckiger Garten ist 65 m lang und 22 m breit. Ein nebenliegendes Wiesenstück, das denselben Umfang besitzt wie der Garten, ist nur 17 m breit.
Welche Fläche ist größer? 4 BE

2. a) Es sind zehn Punkte in einer Ebene gegeben, von denen keine drei auf einer Geraden liegen, d. h. die zehn Punkte sollen ein Zehneck bilden. Je zwei dieser Punkte legen eine Gerade fest.
Wie viele solcher Geraden gibt es? 4 BE

b) Der Umfang der nachfolgenden Rechtecke beträgt stets $u = 100$ m. 6 BE

(1) Wie breit ist das Rechteck, wenn es 36 m lang ist?

(2) Das Rechteck ist viermal so lang wie breit.
Wie lang sind die Seiten?

(3) Das Rechteck ist ein Quadrat.
Wie groß ist die Fläche des Quadrats?

3. a) Beschreibe in einem Satz, wie man sich die Flächeneinheit 1 ha vorstellen kann. 2 BE

b) Der Flächeninhalt eines Quadrats beträgt 81 ha.
Berechne seinen Umfang. 2 BE

c) Die Gesamtfläche eines Würfelnetzes beträgt $150\ cm^2$.
Wie groß ist die Summe aller Kantenlängen des Würfels? 2 BE

d) Zeichne vier verschiedene Würfelnetze mit der Kantenlänge aus Teilaufgabe c. Wähle einen geeigneten Maßstab. 4 BE

4. Die untenstehende Skizze zeigt den Plan eines Grundstücks.

a) Das Grundstück ist ringsum mit einem Zaun umgeben.
Wie lang ist dieser? 3 BE

b) Das Grundstück soll gegen ein rechteckiges Feld getauscht werden, das den gleichen Flächeninhalt besitzt, aber 223 m lang ist. Wie breit ist das Feld? 5 BE

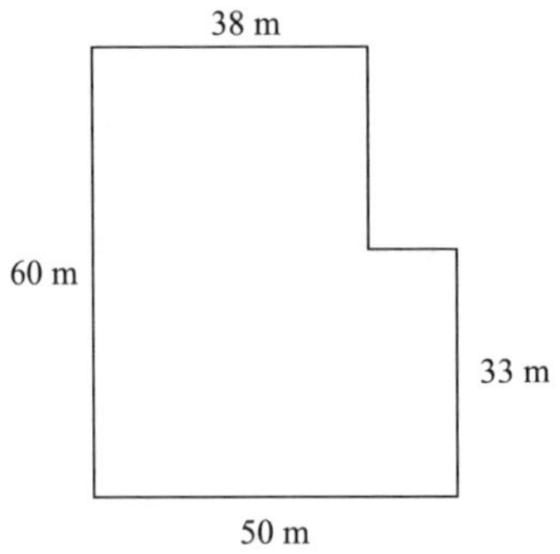

5. Von einem Rechteck mit ganzzahligen Seitenlängen sind der Flächeninhalt $A = 36\ cm^2$ und der Umfang $u = 30$ cm bekannt. Wie groß sind die Länge a und die Breite b, wenn $a > b$ gilt? 3 BE

Hinweise und Tipps

1. a) Rechne in cm^2 bzw. in dm^2.

b) Bestimme aus dem Umfang des Gartens die Länge der Wiese. Vergleiche dann die Flächen.

2. a) Zähle die Anzahlen der einzelnen Verbindungen ab.

b) Wende die Umfangsformel von Rechteck und Quadrat an.

3. a) Die Definition von 1 ha als Quadrat verwenden.

b) Rechne in m^2 und m.

c) Schließe aus der Oberfläche des Würfels auf die Kantenlänge.

d) Zeichne vier verschiedene, mögliche Netze mit je sechs Quadratflächen.

4. a) Erkenne die Zaunlänge als Umfang des Rechtecks.

b) Rechne den Flächeninhalt als Differenz oder Summe zweier Rechteckflächen aus. Bestimme dann die Breite mit der Flächenformel.

5. Schreibe aus $a \cdot b = 36$ alle ganzzahligen Möglichkeiten auf und rechne die Umfänge aus.

Vertiefende Hinweise zum Lösen der Aufgaben findest du in
Training Mathematik, 5. Klasse (Buch-Nr.: 90005)

- Kapitel 12.2: Würfel und Quadrat
- Kapitel 12.3: Quader und Rechteck
- Kapitel 13.1: Flächenmessung
- Kapitel 13.2: Flächeninhalt und Umfang des Rechtecks
- Kapitel 13.3: Flächeninhalt und Umfang des Quadrats
- Kapitel 13.4: Oberfläche von Quader und Würfel

Lösung

1. a) 5 Minuten, /

(1) $20\ m^2\ 40\ dm^2 : 120\ cm^2 =$

$= 204\,000\ cm^2 : 120\ cm^2 = 1\,700$ 2 BE

(2) $(60\ a\ 1\ m^2 - 2\,212\ dm^2) + (9\ a\ 13\ m^2\ 2\ dm^2 - 889\ m^2) =$

$= (600\,100\ dm^2 - 2\,212\ dm^2) + (91\,302\ dm^2 - 88\,900\ dm^2)$ 1 BE

$= 597\,888\ dm^2 + 2\,402\ dm^2$ 1 BE

$= 600\,290\ dm^2 = 60\ a\ 2\ m^2\ 90\ dm^2$ 1 BE

b) 5 Minuten,

$u_G = 2 \cdot (65 + 22)\ m = 174\ m;\quad A_G = 65 \cdot 22\ m^2 = 1\,430\ m^2$ 2 BE

$u_W = u_G = 174\ m$

$\Rightarrow$ Länge der Wiese: $a_W = (174\ m - 2 \cdot 17\ m) : 2 = 70\ m$

$\Rightarrow$ $A_W = 70 \cdot 17\ m^2 = 1\,190\ m^2$ 2 BE

Der rechteckige Garten ist größer als die rechteckige Wiese.

2. a) 6 Minuten,

Der erste Punkt kann mit neun Punkten, der zweite mit acht Punkten usw. verbunden werden, d. h. es gibt

$9 + 8 + 7 + 6 + 5 + 4 + 3 + 2 + 1 = 45$ solcher Geraden. 4 BE

oder:

Jeder der zehn Punkte kann mit neun anderen verbunden werden. Da aber die Verbindung AB die gleiche ist wie BA, gibt es

$(10 \cdot 9) : 2 = 45$ solcher Geraden.

b) 6 Minuten, /

(1) $b = (100\ m - 2 \cdot 36\ m) : 2 = 28\ m : 2 = 14\ m$

Das Rechteck ist 14 m breit. 2 BE

(2) Nimmt man die Breite b als Maß, so umfasst die Länge a viermal diese Länge b, d. h. der Umfang hat zehnmal die Länge b.

Daraus folgt, dass $b = 100\ m : 10 = 10\ m$ und $a = 40\ m$ sind.

Das Rechteck ist 40 m lang und 10 m breit. 2 BE

(3) $a_Q = 100\ m : 4 = 25\ m \quad \Rightarrow \quad A_Q = 25^2\ m^2 = 625\ m^2$

Das Quadrat hat eine Fläche von 625 m^2. 2 BE

3. a) 2 Minuten,

1 ha ist der Flächeninhalt eines Quadrats mit der Seitenlänge 100 m. 2 BE

b) 2 Minuten,

$A_Q = 81\text{ ha} \Rightarrow a = 9 \cdot 100\text{ m} = 900\text{ m}$ 1 BE

oder

$A_Q = 81\text{ ha} = 810\,000\text{ m}^2 \Rightarrow a = 900\text{ m}$

$u_Q = 4 \cdot 900\text{ m} = 3\,600\text{ m}$ 1 BE

Der Umfang des Quadrats beträgt 3 600 m.

c) 2 Minuten,

Eine Seitenfläche: $A_S = 150\text{ cm}^2 : 6 = 25\text{ cm}^2$

Daraus folgt, dass die Kantenlänge $a = 5$ cm beträgt.

Die Summe der Kantenlängen ist $\ell = 12 \cdot 5\text{ cm} = 60\text{ cm}$. 2 BE

d) 4 Minuten,

z. B.:

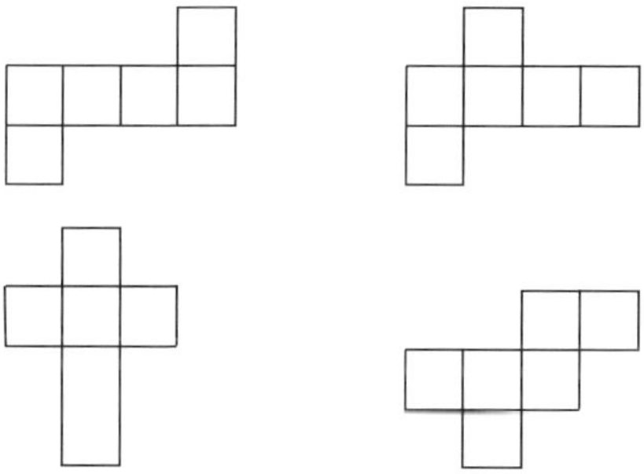

4 BE

4. a) 4 Minuten,

Der Zaun ist genau so lang wie der Umfang eines Rechtecks mit den Seiten 60 m und 50 m, d. h. er hat die Länge

$\ell = 2 \cdot (60\text{ m} + 50\text{ m}) = 220\text{ m}$. 3 BE

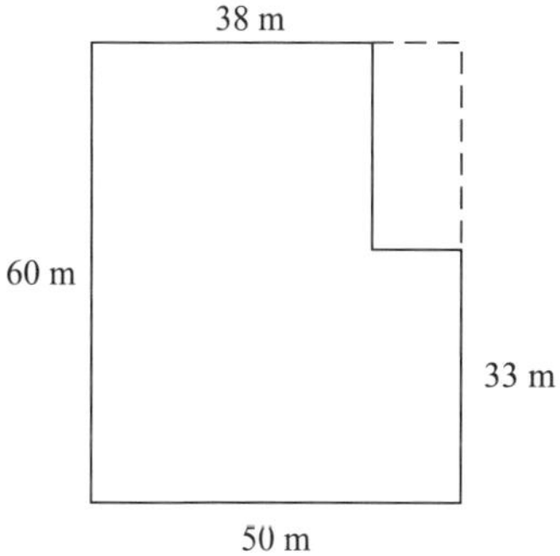

b) 5 Minuten,
Der Flächeninhalt des Grundstücks ergibt sich als Summe oder als Differenz zweier Rechtecke.
$A_G = 60 \cdot 50\ m^2 - 12 \cdot 27\ m^2 = 3\,000\ m^2 - 324\ m^2 = 2\,676\ m^2$ 3 BE
oder
$A_G = 60 \cdot 38\ m^2 + 12 \cdot 33\ m^2 = 2\,280\ m^2 + 396\ m^2 = 2\,676\ m^2$
$A_{Feld} = A_G$
$\Rightarrow$ Breite des rechteckigen Felds: $2\,676\ m^2 : 223\ m = 12\ m$ 2 BE
Das Feld ist 12 m breit.

5. 4 Minuten,
Es muss gelten $a \cdot b = 36\ cm^2$. Das ist für folgende Fälle möglich:

a in cm	b in cm	u in cm
36	1	74
18	2	40
12	3	30
9	4	26

Für das gesuchte Recheck gilt: Länge $a = 12$ cm und Breite $b = 3$ cm.

Klassenarbeit 23

1. a) Welche gegenseitige Lage besitzen zwei Geraden g und h, wenn für ihre Lage zu einer Geraden k gilt: 2 BE

(1) $g \perp k \wedge h \perp k$

(2) $g \parallel k \wedge h \parallel k$

b) Zeichne die Punkte A(3 | 1), B(–1 | –1), C(2 | –1) und D(–1 | 2) in ein Koordinatensystem (Gitternetz) ein.
Zeichne dann durch die Punkte A und B die Gerade g und durch die Punkte C und D die Gerade h.
Bestimme die Koordinaten (Gitternetzzahlen) des Schnittpunktes S der Geraden g und h und miss mit dem Geodreieck den kleineren ihrer Schnittwinkel. 4 BE

c) Berechne: 4 BE

(1) $12\text{ a } 30\text{ m}^2\ 10\text{ dm}^2 + 6\text{ dm}^2 + 8\text{ m}^2\ 1\text{ dm}^2 - 10\text{ a } 10\text{ m}^2 + 240\text{ m}^2 - 700\text{ cm}^2 =$

(2) $6\text{ ha } 13\text{ a } 50\text{ m}^2 : 50\text{ m}^2 -$

2. a) Aus einem Würfel mit der Kantenlänge a = 4 cm wird ein Würfel mit halber Kantenlänge an einer Ecke ausgeschnitten.
Wie groß ist die Oberfläche des Restkörpers? 3 BE

b) Berechne den Flächeninhalt der unten stehenden Figur, wenn die Maßzahlen in der Einheit 1 cm angegeben sind. 4 BE

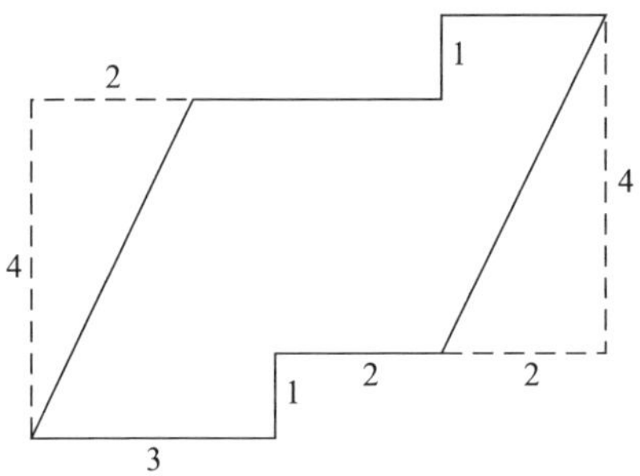

3. Ein rechteckiger Garten ist dreimal so lang wie breit. Der Gartenzaun um den gesamten Garten hat eine Länge von 180 m.

a) Berechne die Fläche des Gartens. 4 BE

b) Längs des Zauns sollen innerhalb des Gartens eine Reihe von quadratischen Betonplatten mit der Seitenlänge 50 cm verlegt werden.
Wie viele solcher Platten werden benötigt? 4 BE

4. Ein quaderförmiges Schwimmbecken ist 20 m lang, 8 m breit und 1,75 m tief. Das Becken wird mit quadratischen Fliesen der Seitenlänge 25 cm gefliest. Für die Fliesen und das Anbringen werden 50 € pro Quadratmeter berechnet.

a) Bestätige durch Rechnung, dass die Fläche A, die gefliest werden soll, 258 m^2 beträgt. 4 BE

b) Wie viele Platten werden benötigt und wie teuer wird das Fliesen? 4 BE

c) Um das Becken soll ein 1 m breiter Rand betoniert werden.
Wie groß ist dessen Fläche? 2 BE

5. Um ein rechteckiges Grundstück mit den Seitenlängen a und b verläuft ein überall gleich breiter Weg, bei dem der äußere Umfang um 16 m länger ist als der innere.
Wie breit ist der Weg? 5 BE

Hinweise und Tipps

1. a) Erkenne, dass die Geraden parallel sind.

b) Zeichne ein Koordinatensystem (Gitternetz) mit den Punkten und den Geraden. Lies den Schnittpunkt S(1 | 0) ab und miss den Winkel $\approx 72°$ mit dem Geodreieck.

c) Rechne in dm^2 bzw. m^2.

2. a) Überlege, welche Flächen wegfallen und welche dazukommen.

b) Fläche als Flächensumme oder Flächendifferenz ausrechnen.

3. a) Schließe aus Länge ist dreimal die Breite und aus dem Umfang auf die Seitenlängen und rechne die Fläche aus.

b) Fertige eine Skizze an und bestimme aus ihr die Längen für den Plattenweg.

4. a) Berechne die Oberfläche eines Quaders ohne Deckfläche.

b) Überlege, wie viele Platten auf 1 m^2 passen. Multipliziere die Anzahl der m^2 mit 50 €.

c) Setze den Weg als Summe von vier Rechteckflächen zusammen.

5. Erkenne aus einer Skizze, dass der äußere Umfang achtmal ein Stück x größer ist als der innere Umfang. Jedes Stück x gibt die Breite des Weges an.

Vertiefende Hinweise zum Lösen der Aufgaben findest du in Training Mathematik, 5. Klasse (Buch-Nr.: 90005)
- Kapitel 11.1: Punktmengen
- Kapitel 11.2: Senkrecht, parallel, Winkelmessung
- Kapitel 11.3: Gitternetz (Koordinatensystem)
- Kapitel 13.1: Flächenmessung
- Kapitel 13.2: Flächeninhalt und Umfang des Rechtecks
- Kapitel 13.3: Flächeninhalt und Umfang des Quadrats
- Kapitel 13.4: Oberfläche von Quader und Würfel

Lösung

1. a) 2 Minuten, /

(1) $g \parallel h$ — 1 BE

(2) $g \parallel h$ — 1 BE

b) 6 Minuten, /

Koordinatensystem mit Punkten A, B, C, D zeichnen. — 1 BE

Gerade g, Gerade h einzeichnen. — 1 BE

Schnittpunkt $S(1\,|\,0)$ — 1 BE

Schnittwinkel $\approx 72°$ — 1 BE

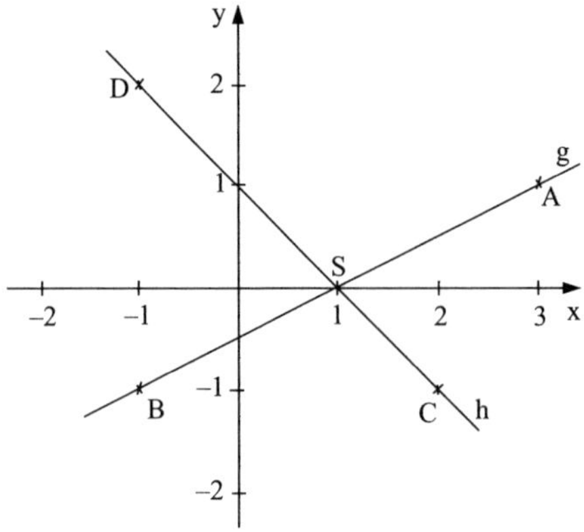

c) 5 Minuten,

(1) $12\text{ a }30\text{ m}^2\ 10\text{ dm}^2 + 6\text{ dm}^2 + 8\text{ m}^2\ 1\text{ dm}^2 - 10\text{ a }10\text{ m}^2 + 240\text{ m}^2 - 700\text{ cm}^2 =$

$= 123\,010\text{ dm}^2 + 6\text{ dm}^2 + 801\text{ dm}^2 - 101\,000\text{ dm}^2 + 24\,000\text{ dm}^2 - 7\text{ dm}^2$ — 1 BE

$= 147\,817\text{ dm}^2 - 101\,007\text{ dm}^2$

$= 46\,810\text{ dm}^2$ — 1 BE

$= 4\text{ a }68\text{ m}^2\ 10\text{ dm}^2$

(2) $6\text{ ha }13\text{ a }50\text{m}^2 : 50\text{ m}^2 = 61\,350\text{ m}^2 : 50\text{ m}^2 =$ — 1 BE

$= 1\,227$ — 1 BE

2. a) 4 Minuten,

Die Oberfläche des Restkörpers ist genau so groß wie die Oberfläche des Würfels, weil die drei Flächen, die wegfallen, immer wieder zu sehen sind, d. h. $O = 6 \cdot a^2 = 6 \cdot 16\ cm^2 = 96\ cm^2$. 3 BE

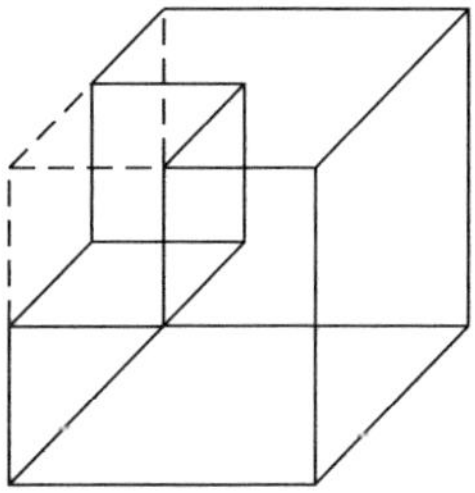

b) 4 Minuten,

Flächendifferenz:

$A = 7 \cdot 5\ cm^2 - 5 \cdot 1\ cm^2 - 4 \cdot 1\ cm^2 - ((4 \cdot 2) : 2) \cdot 2\ cm^2 = 18\ cm^2$ 4 BE

oder Zerlegung in Einzelflächen (siehe Bild):

$$A = \underbrace{2 \cdot (4 \cdot 2) : 2\ cm^2}_{①,\ ②} + \underbrace{3 \cdot 3\ cm^2}_{③} + \underbrace{1 \cdot 1\ cm^2}_{④} = 18\ cm^2$$

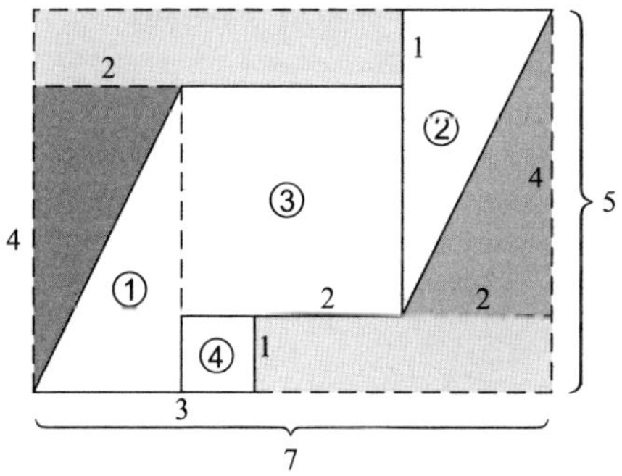

3. a) 5 Minuten,

Nimmt man die Breite b als Maß, so umfasst die Länge dreimal diese Länge b, d. h. der Umfang achtmal die Länge b. Daraus folgt: 1 BE

Breite $b = 180\ m : 8 = 25\ m$ und Länge $a = 75\ m$. 2 BE

Daraus ergibt sich die Fläche $A = a \cdot b = 75 \cdot 25\ m^2 = 1\,875\ m^2$. 1 BE

b) 4 Minuten,
Es werden $2 \cdot 25 \cdot 2 + 2 \cdot 74 \cdot 2 = 100 + 296 = 396$ Platten benötigt. 2 BE
2 BE

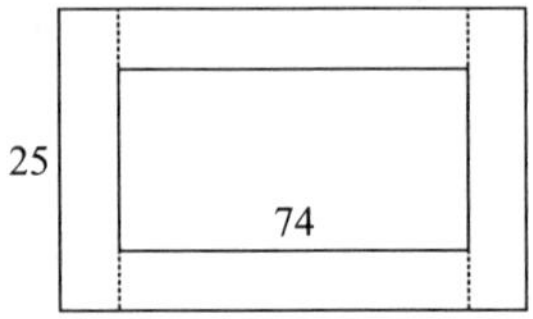

4. a) 4 Minuten,

$A = 20 \cdot 8\ \text{m}^2 + 2 \cdot 20 \cdot 1{,}75\ \text{m}^2 + 2 \cdot 8 \cdot 1{,}75\ \text{m}^2$ 2 BE

$= 160\ \text{m}^2 + 7\,000\ \text{dm}^2 + 2\,800\ \text{dm}^2$ 1 BE

$= 160\ \text{m}^2 + 70\ \text{m}^2 + 28\ \text{m}^2 = 258\ \text{m}^2$ 1 BE

b) 5 Minuten,
Auf einen Quadratmeter passen $4 \cdot 4 = 16$ Fliesen.
Es werden $258 \cdot 16 = 4\,128$ Platten benötigt. 2 BE
Preis für das Fliesen: $258 \cdot 50\ € = 12\,900\ €$ 2 BE

c) 2 Minuten,
$20 \cdot 1 \cdot 2\ \text{m}^2 + (8+1+1) \cdot 1 \cdot 2\ \text{m}^2 = 40\ \text{m}^2 + 20\ \text{m}^2 = 60\ \text{m}^2$ 2 BE
Die Fläche des Betonwegs beträgt 60 m^2.

5. 5 Minuten,

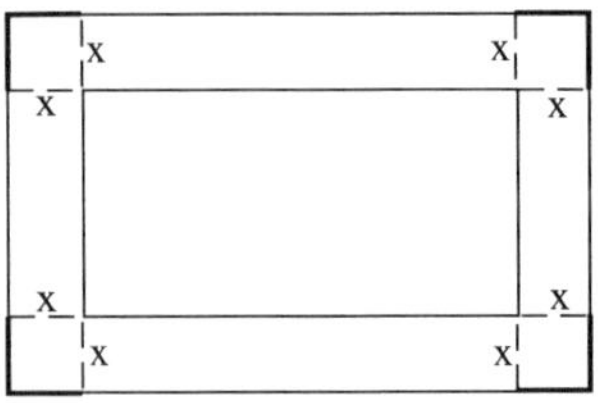

Wie man der Zeichnung entnehmen kann, ist der äußere Umfang um achtmal die gleiche Strecke (in der Zeichnung x) größer als der innere Umfang, d. h. eine solche Länge x hat den Wert $16\ \text{m} : 8 = 2\ \text{m}$, d. h. der Weg ist 2 m breit. 5 BE

(Bitte blättern Sie um)

Englisch Grundwissen

Englisch Grundwissen 5. Klasse .... Best.-Nr. 90505
Klassenarbeiten Englisch 5. Klasse mit CD ...... Best.-Nr. 905053
Englisch Grundwissen 6. Klasse .... Best.-Nr. 90506
Klassenarbeiten Englisch 6. Klasse mit CD ...... Best.-Nr. 905063
Englisch Grundwissen 7. Klasse .... Best.-Nr. 90507
Klassenarbeiten Englisch 7. Klasse mit CD ...... Best.-Nr. 905073
Englisch Grundwissen 8. Klasse .... Best.-Nr. 90508
Englisch Grundwissen 9. Klasse .... Best.-Nr. 90509
Englisch Grundwissen 10. Klasse .... Best.-Nr. 90510
Englisch Übertritt in die Oberstufe .... Best.-Nr. 82453

Englisch Kompakt-Wissen

Kompakt-Wissen Kurzgrammatik .... Best.-Nr. 90461
Kompakt-Wissen Grundwortschatz .... Best.-Nr. 90464

Englisch Textproduktion

Textproduktion 9./10. Klasse .... Best.-Nr. 90541

Englisch Leseverstehen

Leseverstehen 5. Klasse .... Best.-Nr. 90526
Leseverstehen 6. Klasse .... Best.-Nr. 90525
Leseverstehen 8. Klasse .... Best.-Nr. 90522
Leseverstehen 10. Klasse .... Best.-Nr. 90521

Englisch Hörverstehen

Hörverstehen 5. Klasse mit CD .... Best.-Nr. 90512
Hörverstehen 6. Klasse mit CD .... Best.-Nr. 90511
Hörverstehen 7. Klasse mit CD .... Best.-Nr. 90513
Hörverstehen 9. Klasse mit CD .... Best.-Nr. 90515
Hörverstehen 10. Klasse mit CD .... Best.-Nr. 80457

Englisch Rechtschreibung

Rechtschreibung und Diktat
5. Klasse mit 3 CDs .... Best.-Nr. 90531
Rechtschreibung und Diktat
6. Klasse mit 2 CDs .... Best.-Nr. 90532
Englische Rechtschreibung 9./10. Klasse .... Best.-Nr. 80453

Englisch Wortschatzübung

Wortschatzübung 5. Klasse mit CD .... Best.-Nr. 90518
Wortschatzübung 6. Klasse mit CD .... Best.-Nr. 90519
Wortschatzübung Mittelstufe .... Best.-Nr. 90520

Englisch Übersetzung

Translation Practice 1 / ab 9. Klasse .... Best.-Nr. 80451
Translation Practice 2 / ab 10. Klasse .... Best.-Nr. 80452

Englisch: Zentrale Prüfungen

Jahrgangsstufentest Englisch
6. Klasse mit CD Gymnasium Bayern .... Best.-Nr. 954661
Zentrale Klassenarbeit Englisch 10. Klasse mit CD
Gymnasium Baden-Württemberg.................. Best.-Nr. 80456
Vergleichsarbeiten Englisch
VERA 8. Klasse Gymnasium .... Best.-Nr. 954682
Zentrale Prüfung Englisch ZP 10 NRW .... Best.-Nr. 554601
Mittlerer Schulabschluss Berlin Englisch mit CD Best.-Nr. 111550
Mittlerer Schulabschluss/Sek I
Mündliche Prüfung Englisch Brandenburg ...... Best.-Nr. 121550
Besondere Leistungsfeststellung Englisch
10. Klasse mit CD Gymnasium Sachsen .... Best.-Nr. 1454601
Besondere Leistungsfeststellung Englisch
10. Klasse Gymnasium Thüringen .... Best.-Nr. 1654601

Französisch

Französisch im 1. Lernjahr .... Best.-Nr. 905502
Rechtschreibung und Diktat 1./2. Lernjahr
mit 2 CDs .... Best.-Nr. 905501
Französisch im 2. Lernjahr .... Best.-Nr. 905503
Französisch im 3. Lernjahr .... Best.-Nr. 905504
Französisch im 4. Lernjahr .... Best.-Nr. 905505
Wortschatzübung Mittelstufe .... Best.-Nr. 94510
Zentrale Klassenarbeit Französisch
10. Klasse Gymnasium Baden-Württemberg .. Best.-Nr. 80501
Kompakt-Wissen Kurzgrammatik .... Best.-Nr. 945011
Kompakt-Wissen Grundwortschatz .... Best.-Nr. 905001

Latein

Latein I/II im 1. Lernjahr 5./6. Klasse .... Best.-Nr. 906051
Latein I/II im 2. Lernjahr 6./7. Klasse .... Best.-Nr. 906061
Latein I/II im 3. Lernjahr 7./8. Klasse .... Best.-Nr. 906071
Übersetzung im 1. Lektürejahr .... Best.-Nr. 906091
Wiederholung Grammatik .... Best.-Nr. 94601
Wortkunde .... Best.-Nr. 94603
Kompakt-Wissen Kurzgrammatik .... Best.-Nr. 906011

Biologie/Chemie

Chemie – Mittelstufe 1 .... Best.-Nr. 90731
Besondere Leistungsfeststellung Biologie
10. Klasse Gymnasium Thüringen .... Best.-Nr. 1657001
Besondere Leistungsfeststellung Chemie
10. Klasse Gymnasium Thüringen .... Best.-Nr. 1657301

Geschichte

Kompakt-Wissen Geschichte
Unter-/Mittelstufe .... Best.-Nr. 907601

Ratgeber „Richtig Lernen"

Tipps und Lernstrategien – Unterstufe .... Best.-Nr. 10481
Tipps und Lernstrategien – Mittelstufe .... Best.-Nr. 10482

Bestellungen bitte direkt an:

STARK Verlagsgesellschaft mbH & Co. KG · Postfach 1852 · 85318 Freising
Tel. 0180 3 179000* · Fax 0180 3 179001* · www.stark-verlag.de · info@stark-verlag.de
* 9 Cent pro Min. aus dem deutschen Festnetz

STARK

18-V1M